建筑遮阳实用技术百问百答

中国建材检验认证集团股份有限公司　组织编写

刘　翼　主编

中国建材工业出版社

图书在版编目（CIP）数据

建筑遮阳实用技术百问百答/刘翼主编．--北京：
中国建材工业出版社，2018.1
（建筑节能实用技术丛书）
ISBN 978-7-5160-2100-2

Ⅰ.①建…　Ⅱ.①刘…　Ⅲ.①建筑—遮阳—问题解答
Ⅳ.①TU113.4-44

中国版本图书馆 CIP 数据核字（2017）第 285156 号

内 容 简 介

　　建筑遮阳是建筑节能的重要措施之一，本书从遮阳产品、遮阳设计、遮阳施工、遮阳检测等角度简要介绍了有关遮阳的技术，可供相关设计、施工、管理人员参阅。

建筑遮阳实用技术百问百答

中国建材检验认证集团股份有限公司　组织编写

刘　翼　主编

出版发行：中国建材工业出版社
地　　址：北京市海淀区三里河路 1 号
邮　　编：100044
经　　销：全国各地新华书店
印　　刷：北京雁林吉兆印刷有限公司
开　　本：787mm×1092mm　1/16
印　　张：6.5
字　　数：80 千字
版　　次：2018 年 1 月第 1 版
印　　次：2018 年 1 月第 1 次
定　　价：**36.80 元**

本社网址：**www.jccbs.com**　　微信公众号：**zgjcgycbs**

本书如出现印装质量问题，由我社市场营销部负责调换。联系电话：**(010) 88386906**

前　　言

　　建筑遮阳节能技术是建筑节能技术的重要组成部分，是中高纬度地区建筑节能的关键措施。门窗、玻璃幕墙等透光建筑构件是建筑外围护结构中热工性能最薄弱的环节，通过透光建筑构件的能耗，在整个建筑能耗中占有相当大的比例。在夏季它往往成为影响建筑热舒适的致命问题，在这种情况下，遮阳设计也就理所当然地成为必不可少的环节。建筑遮阳的目的在于阻断直射阳光透过玻璃进入室内，防止阳光过分照射和加热建筑围护结构，防止直射阳光造成的强烈眩光。在所有的被动式节能技术措施中，建筑遮阳目前是最为立竿见影的有效方法。

　　工程实践充分证明，良好的建筑遮阳设计不仅有助于建筑节能，符合绿色建筑可持续发展的要求，而且遮阳构件将成为影响建筑形体和美感的关键要素。建筑外遮阳产品进入中国已有十多年的时间，随着社会和各级政府对建筑节能，尤其是近几年对夏季隔热节能的日益重视，建筑遮阳行业迎来了一个高速发展期。随着节能减排要求的深入，人民生活水平的提高，以及扩大内需的需要，建筑遮阳必将在我国快速推广，为国家的节能减排和经济可持续发展做出重要贡献。

　　建筑遮阳对于国计民生关系重大，涉及国家每年节约以亿吨计的能耗，惠及亿万人民的生活、工作、健康，必然是蓬勃发展的朝阳产业，市场潜力十分巨大。当前，建筑遮阳实际应用仍然较少，发展速度比较缓慢，国家和许多地方政府正在采取一系列措施抓紧推进，从各方面大力推动。在建筑遮阳产业蓬勃发展的大好形势下，我们编辑出版《建筑遮阳实用技术百问百答》是非常必要的。本书以问答的形式，具体介绍了建筑遮阳的选材、设计、施工和检测等相关内容，供建筑遮阳设计和施工技术人员参考借鉴。

本书由中国建材检验认证集团股份有限公司组织编写，刘翼主编。在本书编写的过程中，引用了一些专家和作者的精辟论述和研究成果，得到了李继业、刘顺利、马丽萍、任世伟、赵春芝等同仁的大力帮助，在此深表谢意。由于建筑遮阳技术在我国引进较晚，但发展非常迅速，限于编者掌握的资料不全和水平有限，不当之处在所难免，敬请专家和读者提出宝贵意见。

编者

2017 年 10 月

目 录

第一章 建筑遮阳概述

第二章 建筑遮阳产品

第三章 建筑遮阳设计

第四章 建筑遮阳施工

第五章　建筑遮阳检测

第一章

建筑遮阳概述

1. 什么是绿色建筑？

我国在国家标准《绿色建筑评价标准》（GB/T 50378—2014）中，将绿色建筑明确定义为"在建筑的全寿命期内，最大限度地节约资源（节能、节地、节水、节材）、保护环境和减少污染，为人们提供健康、适用和高效的使用空间，与自然和谐共生的建筑。"由此可见，建筑节能是绿色建筑的重要组成。

2. 绿色建筑的基本内涵是什么？

绿色建筑是综合运用当代建筑学、环境生态学及其他科学技术的成果，把各类建筑建造成一个小的生态系统，为居住者提供生机盎然、自然气息浓厚、方便舒适并节省能源、没有污染的居住环境。绿色建筑应具有选址规划合理、资源利用高效循环、节能措施综合有效、建筑环境健康舒适、废物排放减量无害、建筑功能灵活适宜等六大特点。绿色建筑的基本内涵可归纳为：减轻建筑对环境的负荷，即节约能源及资源；提供安全、健康、舒适性良好的生活空间；与自然环境亲和，做到人及建筑与环境的和谐共处、永续发展。

3. 什么是建筑遮阳？

建筑遮阳是为了防止直射阳光照入室内，减少太阳辐射热，避免夏季室内温度过高，防止产生眩光，达到降低室内温度和空调能耗、改善室内热环境和光环境的目的，所采取的一种遮蔽措施。简单地讲，建筑遮阳是指在建筑物上设置具有遮挡或调节进入室内太阳光功能的遮阳设施。建筑遮阳设施是一种设置在建筑立面上的重要的多功能构件，是建筑围护结构的重要组成部分。

4. 建筑遮阳的发展历史？

建筑遮阳的应用历史非常久远，从文字记载上可以追溯到古希腊时期的作家赞诺芬（Xenophon）。他首先提出了关于设置柱廊以遮挡角度较高的夏季阳光而又使角度较低的冬季阳光进入室内的问题。公元前1世纪，维特鲁威（Vitruvius）在其建筑专著《建筑十书》中，在选址部分乃至全章中都提到了避免南向辐射热的建议。在文艺复兴时期，阿尔伯蒂（Alberti）的《论建筑》中也阐述了为使房间保持凉爽、防晒遮阳，应如何选址。从古罗马到18世纪，建筑师们对遮阳的研究基本上都以经验来考虑防晒问题，还没有涉及设计计算问题。

20世纪初，怀特率先把太阳几何学引入建筑设计领域。建筑师理查德·诺伊特拉（R·Neutra）对建筑遮阳做出了里程碑式的贡献，也是建筑遮阳发展史上的重要推动者。他是第一个根据气象资料并请专业人员设计全天候建筑遮阳系统的现代建筑大师，是一位从应用生物学和生理学角度进行建筑遮阳设计的现实主义者，是当时最重视建筑与环境密切关系的人。他在晚年时对太阳几何学做了更深层次的研究，并取得了突破性的进展。

5. 为什么要大力推广建筑遮阳？

遮阳节能技术是建筑节能技术的重要组成部分，建筑节能是各方面节能措施综合作用的结果。要使建筑达到标准规范要求的节能指标，必须采用各种节能措施。除大力推进建筑保温隔热、供热机制改革及采暖系统改造以外，在夏热冬冷和夏热冬暖地区，遮阳技术以其效果好、不破坏生态环境为突出特点，成为建筑节能技术的重要组成部分。

建筑遮阳能够合理控制太阳光线进入室内，减少建筑空调能耗和人工照明用电，有效降低室内温度，从而达到节能的目的。既可以遮挡紫外线，同时又可以调整可见光，并且可以调整自然气流，有利于改善室内环境，还可以保护住户的私密性和安全性，所以有专家称建筑遮阳是当前中国建筑节能的主要突破点。

6. 建筑遮阳如何分类?

建筑遮阳一般可分为外遮阳系统、内遮阳系统、中间遮阳系统、整体绿化遮阳、水幕遮阳等多种形式。

(1) 外遮阳系统。根据遮阳整体设置方式不同,可分为与门窗结合的门窗外遮阳和在整个立面上设置的整体外遮阳;根据外遮阳构件的设置位置不同,可分为水平遮阳、垂直遮阳、综合遮阳和挡板遮阳;根据外遮阳构件活动方式不同,可分为固定外遮阳和活动外遮阳。

(2) 内遮阳系统。内遮阳系统一般与门窗系统结合使用,对改善室内舒适度、美化室内环境及保证室内的私密性均有一定的作用。内遮阳系统根据其使用材质不同主要分为两类:织物帘采用织物材料制作,主要用于居住建筑和酒店类建筑;金属帘采用铝合金材料制成金属百叶帘,多用于公共建筑。

(3) 中间遮阳系统。中间遮阳系统是将百叶安装在中空玻璃腔内的一种新产品,中空玻璃内的百叶可随意调整角度,使其全部透光、半透光或遮光,同时又能将百叶全部拉起,变成全部透光窗。

(4) 整体绿化遮阳。整体绿化遮阳包括三种形式:种植乔木、攀援植物、窗口前棚架绿化。利用绿化的特征做遮阳,利用小的空间模拟大自然,既可以增强建筑群内宁静的环境效果,又可以降低温度、减少地面反射强度、遮蔽太阳直射,形成阴凉的环境。

(5) 水幕遮阳。水幕遮阳是指在透明幕墙或屋顶表面形成水流,既可以降低围护结构温度,又可以提高透明材料的遮阳系数,一般需要结合建筑外立面整体设计和建筑给水排水进行设计。

7. 发达国家建筑遮阳产品和技术的主要特性是什么?

发达国家建筑遮阳产品和技术的特性主要包括:

(1) 节能性。设置建筑遮阳后,夏季可阻挡太阳热量进入室内,节约空调的能耗；部分遮阳类型在冬季还能有效减少室内向外散热，降低采暖的能耗。

(2) 安全性。遮阳设施结构可靠，安装牢固，可避免由于大风、雨雪等气候因素以及使用者操作不当造成的设施破坏和对人体的伤害。欧洲标准对建筑遮阳制品的抗风压性能、抗积水性能、抗雪荷载性能、抗冲击性能、误操作、公共卫生健康、安全使用等都有具体规定。

(3) 操作方便性。操作方便是遮阳技术人性化的体现。在欧洲标准中，对建筑遮阳产品的操作力、操纵机构设计、霜冻天气的操作等都有明确的规定。

(4) 舒适性。不同的建筑遮阳设施，其构造各有不同，可以满足住户保温隔热、调节光照、避免眩光、减少噪声、通风、私密性等热舒适和视觉舒适性等不同方面的要求，可以根据实际需要，提供多样性的选择。欧洲标准对遮阳产品的热舒适和视觉舒适性有明确的要求。

(5) 美观性。建筑遮阳设施是建筑的组成部分，可采用多种图案和色彩搭配，具有良好的装饰功能。设置遮阳设施的建筑外观亮丽，色彩丰富，整齐美观，为建筑增添亮色。在国外有很多优秀的案例。

(6) 普及化。发达国家政府和公众普遍具有建筑遮阳意识，习惯于使用遮阳设施。认为建筑遮阳设施是生活的基本需要，使建筑遮阳得以广泛应用。

(7) 标准化。各建筑遮阳企业按照本国或国际标准生产的不同产品，都规定有成套的定型规格尺寸，以保证产品的质量，并满足不同建筑的不同遮阳需要。

(8) 工业化。由于建筑遮阳产品的需要量很大，发达国家产品已实现标准化、定型化，现代遮阳制品都是采用先进技术和机械设备，在大批量流水线上按程序分工协作制作的，大规模生产不仅生产效率高，产品造价降低，而且质量有保证。

8. 建筑外遮阳的分类和适用范围？

由于采用内遮阳时，太阳辐射热量已经进入室内。因此，除了可以遮光、防止眩光外，内遮阳对建筑节能作用有限。同时，由于内遮阳不属于工程设计与验收范畴，所以在建筑热工设计与节能设计标准中所提遮阳专指建筑外遮阳，但包括位于双层透明围护结构之间的中间遮阳。建筑外遮阳的分类和适用范围如表 1-1 所示。

表 1-1　建筑外遮阳的分类和适用范围

外遮阳分类			操作方式			使用材料			遮阳位置				与建筑立面关系				适用层高				
			手动	电动	固定	金属	织物	玻璃	窗口	采光顶	墙体	玻璃幕墙	水平式	垂直式	挡板式	综合式	低层	多层	中高层	高层	超高层
遮阳板			◎	◎	◎			◎	△	▲	▲	▲	▲	▲	△		▲	▲	▲	▲	▲
遮阳帘	百叶帘	轨道导向	◎	◎		◎				▲		△			▲		▲	▲	△	×	×
		钢索导向	◎	◎	◎	◎			▲	▲	▲	▲			▲		▲	▲	▲	△	×
	硬卷帘		◎	◎		◎			▲	△					▲		▲	▲	▲	△	×
	天篷帘	轨道导向		◎			◎			▲			▲		▲		▲	▲	▲	▲	▲
		钢索导向		◎			◎			▲			▲		▲		▲	▲	△	×	×
	软卷帘	轨道导向		◎			◎		▲								▲	▲	▲	▲	▲
		搭扣式	◎	◎			◎		▲						▲	△	▲	×	×	×	×
遮阳篷	曲臂遮阳篷	平推式	◎	◎			◎		▲							▲	▲	▲	▲	▲	▲
		斜伸式	◎	◎			◎		▲							▲	▲	▲	▲	△	×
		摆转式	◎	◎			◎		▲							▲	▲	▲	△	×	×
	折叠遮阳篷			◎			◎		▲					▲		▲	▲	▲	△	×	×
内置遮阳中空玻璃制品			◎	◎					▲	▲					▲		▲	▲	▲	▲	▲
遮阳格栅					◎	◎			▲	△	▲	△	▲	▲	▲	▲	▲	▲	▲	▲	▲

注：1. ◎表示"有"，▲表示"宜"，△表示"可"，×表示"不宜"；

2. 当遮阳产品配有"风速感应-自动收回"系统时，适用层高不受本表限制。

9. 建筑遮阳的节能作用是什么？

夏季，强烈的太阳辐射是高温热量之源，大量太阳辐射热从玻璃窗进入室内，使室温增高，加大空调能耗。如此多的热量会透过玻璃窗进入室内，可利用遮阳设施把它挡在室外，可见建筑遮阳对夏季隔热与节约能源起巨大作用。采用建筑遮阳，可以节约空调用能约25％，对于削减电力高峰负荷起到关键作用。

冬季，特别是更加寒冷的晚间，室内大量热量从保温较差的玻璃窗户逸出，使室温下降，需要增加采暖供热量，采用建筑遮阳遮蔽措施，在冬季起到保温和节能作用。另外，建筑遮阳还有防盗、隔声、避免眩光、保护私密性等多种作用，并有良好的装饰效果。建筑遮阳设施能够调节室内光热环境，改善人们生活质量，对建筑节能减排能够起到重要作用。

10. 建筑遮阳的节能减排效果如何？

关于建筑遮阳的节能减排效果，欧洲遮阳组织（The European Solar Shading Organization）于 2005 年 12 月发表了研究报告《欧盟25 国遮阳系统节能及 CO_2 减排》。该报告分别研究了不同气候条件的东欧的布达佩斯、南欧的罗马、西欧的布鲁塞尔、北欧的斯德哥尔摩的典型住宅和办公建筑，对不同地区的建筑采用遮阳，对空调和采暖的需求进行了深入的研究计算，并按照不同的建筑类型、主要朝向、用户习性、窗户种类、遮阳设施、气候条件等 24 种典型情况进行组合，得出制冷与采暖节能结果。

测试结果表明：尽管地区条件和气候千差万别，设置遮阳对于减少制冷能耗需求的效果比减少采暖能耗需求的效果更为明显。一般情况下，对制冷能耗来说，设置遮阳对纬度较低地区的能耗需求降低较多；对采暖能耗来说，设置遮阳对纬度较高地区的能耗需求降低较多。在欧洲采用建筑遮阳的建筑，总体平均节约空调用能约 25％，节约采暖用能约 10％。由此可见，建筑遮阳节能可以作为建筑节能的有效方式。

11. 建筑遮阳对我国建筑节能有何贡献？

在我国城镇化过程中，我国以占全球7％的耕地、7％的淡水资源、4％的石油储量和2％的天然气储量，来推动全球占21％人口的城镇化进程，任务异常艰巨。其中建筑能耗问题是关键因素之一，目前全国的建筑能耗已占全部总能耗的28％左右，既有城乡建筑面积约500亿平方米，到2020年我国将新增各类建筑大约300亿平方米，建筑业仍将保持快速发展的趋势，全国总建筑能耗按照目前的节能水平来看，还会不断地加大，已成为社会广泛关注的问题，直接影响着我国经济社会的可持续发展。

建筑遮阳技术是一项投入少、节能效果明显、有利于提高居住和办公舒适性的建筑节能技术。经有关专家测算，到2020年我国能发展到有50％左右建筑采用遮阳措施，每年可减少采暖与空调能耗超过1亿吨标准煤，减排CO_2量可超过3亿吨，建筑遮阳的节能贡献将十分巨大。

12. 建筑遮阳对建筑室内环境有何贡献？

建筑遮阳设施能合理控制太阳光线进入室内，减少建筑空调能耗和人工照明用电，改善室内光环境。采取有效的建筑遮阳措施，降低外窗太阳辐射形成的建筑空调负荷，是实现建筑节能的最有效方法之一。一方面，遮阳通过阻挡阳光直射辐射和漫辐射的热，控制热量进入室内，降低室内温度，改善室内热环境，使空调高峰负荷大大削减；另一方面，适量的阳光又使人感到舒适，有利于人体视觉功效的高效发挥和生理机能的正常运行，给人们愉悦的心理感受。

建筑遮阳能够调节室内光热环境，保护人们的身心健康，可改善生活质量，提高工作效率，又能节约能源，保护室内良好的环境，对建筑节能减排能够起到重要作用。

13. 现代建筑遮阳设计发展趋势怎样?

在 20 世纪 30 年代,遮阳板设计曾经作为建筑国际化的重要标志风靡一时,虽然受到不同程度的批判,但时至今日,在欧洲日照强烈的国家如荷兰、法国、德国,遮阳板设计仍光彩依旧,且着重与建筑外墙面结合,诠释全新的艺术形式和设计理念。很多建筑大师的经典建筑中都有遮阳板的身影,可见遮阳板在建筑立面处理中的历史地位。随着建筑技术日臻成熟,建筑遮阳系统呈现新的发展趋势。

(1)遮阳设计的复合化。如今西方遮阳板主流造型手法是打破原有建筑各功能构件的联系,更多的考虑采光口与阳台、外廊、检修道、屋顶、墙面的综合遮阳设计,使遮阳构件与建筑浑然天成。这种集遮阳、通风、排气等实用功能和物理功能于一身的设计理念得到了大多数建筑师的青睐。

(2)遮阳设计的智能化。智能遮阳系统也是建筑智能化系统不可或缺的一部分,相信将被越来越多的建筑所采用,并在设计阶段就应被集成进去。遮阳系统为改善室内环境而设,遮阳系统的智能化将是建筑智能化系统最新和最有潜力的一个发展分支。目前国外已经成功开发出以下几种控制系统:①时间电机控制系统。这种时间控制器储存了太阳升降过程的记录,而且已经事先根据太阳在不同季节的不同起落时间作了调整,还能利用阳光热量感应器调整热量,来进一步自动控制遮阳帘的高度或遮阳板角度,使房间不被太强烈的阳光所照射。②气候电机控制系统。这种控制器是一个完整的气象站系统,装置有太阳、风速、雨量、温度感应器。此控制器在厂里已经输入基本程序,包括光强弱、风力、延长反应时间的数据。这些数据可以根据建筑地点和建筑需要而随时更换。

(3)遮阳设计的地方性、文化性。遮阳技术和生产方式的全球化,使地域特色渐趋衰弱,建筑文化多样性遭到扼杀。1999 年,国际建筑师协会在《北京宪章》中明确了建筑是诠释历史、传承文脉的重要手段和媒介。而遮阳设计作为建筑立面处理手法，直接或间接体现了建筑师对历史文化的继承与理解程度。①地方性。保持地域差异性有赖于技术与地方文化、经济的创造性结合。建筑师应利用现代技术把传统材料、民族性格等地方性因素融合到本地区的遮阳设计理念中，实现现代建筑地区化与乡土建筑的现代化，从而推动世界建筑的多样性。②文化性。文化是历史的积淀，它存留于建筑中，融汇在生活里，是建筑的灵魂。好的建筑遮阳设计应能集中体现民族文化特色，具有丰富的文化象征意义。

14. 我国哪些地区强制推广活动式建筑外遮阳产品？

测试结果充分证明，在夏热冬冷地区采用活动外遮阳的设置，可以大大降低空调负荷，节能效果非常显著。在夏季非高温日和其他季节，活动式外遮阳也可起到调节室内热舒适度的作用。在过渡季节，如4月、5月、9月、10月，我国有些地区白天室外最高气温常常不超过30℃。这时候往往只需采取遮阳措施减少室内的直接太阳得热，并进行有效的自然通风，不消耗任何能源即可获得令人十分满意的室内舒适度。在冬季，活动式建筑遮阳设施可以收起或关闭，不影响阳光进入室内，保证室内被动采暖的效果。

随着国家对建筑遮阳的逐渐重视，在最近几年新修订的民用建筑节能设计标准中，对建筑透明维护结构的遮阳系数都提出了明确的规定。但目前只有江苏省是我国唯一一个强制性推广建筑外遮阳的省份。江苏省建设厅2008发了269号文《关于加强建筑节能门窗和外遮阳应用管理工作的通知》，把建筑外遮阳实施工作的情况列入专项检查的内容之一。在推广的具体实践中，江苏省形成了从设计、审图、工程建设、验收一整套的闭合管理体系。根据我国各地区气候的实践情况，应在夏热冬冷地区强制推广活动式建筑外遮阳产品。

15. 我国建筑遮阳存在问题是什么?

(1) 我国目前遮阳技术主要引进于欧洲某些国家,但由于与我国的纬度、气候、环境以及建筑特点差异较大,技术特点不完全适应我国居住建筑的形式要求。建议成立建筑外遮阳技术研发中心及产业化基地,通过一系列政策和科研基金,扶持国内有技术研发力量的建筑遮阳企业,研发适合我国具体情况的建筑遮阳产品。

(2) 我国建筑遮阳领域标准体系初步构建,还处在发展阶段,需要不断加以完善。同时,建筑遮阳标准的宣传贯彻工作迫在眉睫,建筑遮阳行业应对标准认可和执行。要加强行业监管力度,对于建筑遮阳产品,无论在设计还是安装,必须把建筑遮阳的安全性放在首位,必须符合工程建设标准的要求,消除安全隐患。学习欧盟的 CE 认证,对建筑遮阳产品的抗风性能进行强制性认证是一种较好的方法。

(3) 我国地域辽阔,各地气候环境差异巨大,建筑遮阳产品在不同地区的节能效果和环境适应性研究尚未系统开展。建议通过科研立项,发挥产学研结合的优势,系统开展上述研究工作,对我国外遮阳的推广和行业良性发展大有裨益。

第二章

建筑遮阳产品

16. 建筑遮阳产品包含哪些种类？

建筑遮阳产品一般按以下方法进行分类：即按安装位置、调节性能、驱动方式、控制方式、面料材质和产品类别的不同分类。

（1）建筑遮阳按安装位置可分为：①外遮阳：室外翻板、室外百叶帘、遮阳篷等；②内遮阳：室内软卷帘、室内百叶帘、天篷帘等；③中置遮阳：呼吸幕墙、中空玻璃百叶等。

（2）建筑遮阳按调节性能可分为：①季节性：树木绿化、临时设施；②固定的：建筑层次、翘檐走廊、固定遮板；③活动的：基本指可调节的建筑遮阳。

（3）建筑遮阳按驱动方式可分为：①手动：珠、绳、节、线、曲柄定轮；②电动：使用交流管状电机、直流电机、电池驱动电机、推杆电机、交流同步电机；③两用：既可手动、又可电动。

（4）建筑遮阳按控制方式可分为：①单控（无线电式、红外式）；②群控（组控）；③传感器自动控；④智能控。

（5）建筑遮阳按面料材质可分为：纺织品（玻璃纤维、涤纶纤维、腈纶纤维）；铝合金；木材；竹料；塑料等

（6）建筑遮阳按产品类别可分为：卷帘（拉珠、弹簧、电动）；垂帘（直线、弧形）；艺术帘（布帘、百褶帘、升降帘、蜂房帘、香格里拉帘、竹帘）；天篷帘（张紧式卷取、弹簧卷取、扭力卷取、循环卷取、轨道式）；室内百叶帘（铝、木、塑）；室外百叶帘（L形片、C形片）；卷闸门窗；翻板（梭形、异形、钩形、组合式）；遮阳篷（平推曲臂、摆转曲臂、斜伸曲臂）。

17. 建筑遮阳产品所用的材料主要有哪些？

建筑遮阳产品所用的材料主要包括：金属材料（如铝合金、碳素结构钢、不锈钢等）、织物材料（包括半透明类、半透光类和全遮光类）、木材、玻璃、工程塑料和紧固件。

18. 建筑遮阳产品所用的主要配件有哪些？

建筑遮阳产品所用的配件主要包括：卷管、顶轨、底轨、侧轨、罩壳、安装支架、卷绳（带）器、拉绳和拉带、手摇曲柄、卷盘、玻璃制品等。

19. 我国遮阳产品标准体系主要包括哪些？

在欧美、日本等发达国家，都颁布了建筑遮阳标准体系，其中以欧盟的遮阳标准体系最为完备。而在我国，由于长期以来国内大部分学者和专家更侧重于研究建筑遮阳的热工性能，缺少对遮阳产品的遮阳性能以及构件材料的固有性能、安全性能和寿命周期的检测技术和方法的研究，致使相应的检测方法标准和产品标准制定较晚，这成为限制我国建筑遮阳行业发展的瓶颈。

为贯彻国家节能降耗的要求，促进我国遮阳技术发展，规范我国建筑遮阳的市场，住房和城乡建设部借鉴了欧盟的遮阳标准体系，自2006年至今共下达了31项遮阳标准编制计划，初步构建了我国的遮阳标准体系，具体如表2-1所示。

表 2-1　我国建筑遮阳标准体系

序号	标准层次	标准号	标准名称
1	工程技术规范	JGJ 237—2011	建筑遮阳工程技术规范
2	基础标准	JG/T 399—2012	建筑遮阳产品术语
3	通用标准（包括产品、材料配件等）	JG/T 274—2010	建筑遮阳通用要求
4		JG/T 277—2010	建筑遮阳热舒适、视觉舒适性能与分级
5		JG/T276—2010	建筑遮阳产品电力驱动装置技术要求
6		JG/T 278—2010	建筑遮阳产品用电机
7		JG/T 424—2013	建筑遮阳用织物通用技术要求
8		JG/T 482—2015	建筑用光伏遮阳构件通用技术条件

序号	标准层次	标准号	标准名称
9	通用标准 （检测方法标准）	JG/T 240—2009	建筑遮阳篷耐积水载荷试验方法
10		JG/T 241—2009	建筑遮阳产品机械耐久性能试验方法
11		JG/T 239—2009	建筑外遮阳产品抗风性能试验方法
12		JG/T 242—2009	建筑遮阳产品操作力试验方法
13		JG/T 281—2010	建筑遮阳产品隔热性能试验方法
14		JG/T 280—2010	建筑遮阳产品遮光性能试验方法
15		JG/T 279—2010	建筑遮阳产品声学性能测量
16		JG/T 275—2010	建筑遮阳产品误操作试验方法
17		JG/T 282—2010	遮阳百叶窗气密性试验方法
18		JG/T 356—2012	建筑遮阳热舒适、视觉舒适性能检测方法
19		JG/T 412—2013	建筑遮阳产品耐雪载荷性能检测方法
20		JG/T 440—2014	建筑门窗遮阳性能检测方法
21		JG/T 479—2015	建筑遮阳产品抗冲击性能试验方法
22	专用标准 （产品、材料配件）	JG/T 251—2009	建筑用遮阳金属百叶帘
23		JG/T 255—2009	内置遮阳中空玻璃制品
24		JG/T 253—2015	建筑用曲臂遮阳篷
25		JG/T 254—2015	建筑用遮阳软卷帘
26		JG/T 252—2015	建筑用遮阳天篷帘
27		JG/T 416—2013	建筑用铝合金遮阳板
28		JG/T 443—2014	建筑遮阳硬卷帘
29		JG/T 423—2013	建筑用膜结构织物
30		JG/T 500—2016	建筑一体化遮阳窗
31		JG/T 499—2016	建筑用遮阳非金属百叶帘

20. 什么是百叶帘？建筑用遮阳金属百叶帘有何技术要求？

百叶帘由连续的、多片相同的片状遮阳材料组成，可伸与收回以及开启与关闭，形成连续重叠面的遮阳帘，一般可用铝合金、木竹烤漆为主加工制作而成。百叶帘具有耐用常新、易清洗、不老化、不褪色、遮阳、隔热、透气防火等特点，适用于高档写字楼、居室、酒店、别墅等场所，同时可配合贴画使其格调更加清新高雅。控制方式有手动和电动两种。铝合金百叶帘具有调节光线、改善视觉舒适度、改善室内空气流通、改善热舒适度、提升私密性、降低能耗的主要功能。

建筑用遮阳金属百叶帘是建筑工程最常采用的建筑遮阳材料，主要由上梁、电机、卷绳器、提升带、梯绳、百叶帘叶片、专用底椅、侧向导轨等组成，建筑用遮阳金属百叶帘的涂层要求、力学性能、提升绳（带）耐老化性能、外观质量、操作力、抗风性能、机械耐久性、噪声、尺寸等各项技术指标，应符合现行行业标准《建筑用遮阳金属百叶帘》（JG/T 251—2009）的规定。

21. 什么是软卷帘？有何技术要求？

软卷帘是采用卷取方式使软性材质的面料伸展收回的遮阳装置，建筑遮阳工程中常用的软卷帘主要包括拉珠软卷帘、弹簧软卷帘、电动软卷帘。拉珠软卷帘采用手动拉珠装置，用手拉动珠链，旋转卷管使软性面料收展。弹簧软卷帘是采用手动弹簧装置，带动软卷管旋转使软性面料收展。电动软卷帘是采用电动系统旋转卷管使软性面料收展。

室外用软卷帘必须能够适应室外恶劣的自然环境，特别要强调材料（尤其是织物面料）的耐候性能和抗风性能。软卷帘的外观、操作性能、抗风性能、操作力和机械耐久性等各项技术指标，应符合现行行业标准《建筑用遮阳软卷帘》（JG/T 254—2015）中的相关规定。

22. 什么是建筑用遮阳天篷帘？有何技术要求？

在现代建筑中，越来越多的建筑师倾向于大面积透光玻璃屋顶的建筑形式，以达到"光、影、人"合一的视觉效果，这种建筑形式常见于商场、会所及其他大型公共场所大厅，随之产生对天篷帘的大量需求。建筑用遮阳天篷帘由帘卷帘盒、帘布（片）、导索或导轨、底杆、固定件、驱动系统或控制系统组成。

建筑用遮阳天篷帘的外观、尺寸、操作性能、抗风性能、机械耐久性、耐光色牢度和耐气候色牢度等各项技术指标，应符合现行行业标准《建筑用遮阳天篷帘》（JG/T 252—2015）中的规定。

23. 什么是建筑用曲臂遮阳篷？有何技术要求？

曲臂遮阳篷是建筑用遮阳篷中伸缩式遮阳篷的一种，因为其骨架可以如同手臂一样进行伸缩，因而定义为曲臂遮阳篷。建筑用曲臂遮阳篷的电机隐藏于卷管内，通过电机转动带动铝合金卷管转动，实现面料的收放，当电机将面料展开时，曲臂内的弹簧力作用于前杆上，将篷布撑出并绷紧面料；当电机回卷面料时，电机克服弹簧力将面料回收到卷管上。建筑用曲臂遮阳篷具有操作简单、安装方便等优点。

曲臂遮阳篷的外观、尺寸、操作性能、操作力、抗风性能、机械耐久性、耐积水荷载性能、防水性能和耐气候色牢度等各项技术指标，应符合国家标准《建筑用曲臂遮阳篷》（JG/T 253—2015）中的规定。

24. 什么是建筑用遮阳金属百叶帘？有何技术要求？

建筑用遮阳金属百叶帘是指百叶为金属材料的百叶帘，在建筑工程中最常用的是铝合金百叶帘。建筑用遮阳金属百叶帘具有抗风能力强、收放较为自如、外形尺寸小、占用空间少等特点，适于安装在各种建筑物结构的多个部位；叶片可翻转两面，便于维护和清洁。

建筑用遮阳金属百叶帘的涂层要求、力学性能、操作力、抗风性能、机械耐久性、噪声、尺寸和外观质量等各项技术指标，应符合现行行业标准《建筑用遮阳金属百叶帘》（JG/T 251—2009）中的规定。

25. 什么是建筑用遮阳硬卷帘？有何技术要求？

建筑用遮阳硬卷帘是指采用卷取方式，使由金属或塑料等硬性材质制成的帘片伸展和回收的建筑用外遮阳。建筑用遮阳硬卷帘按操作不同可分为手动曲柄式、手动卷盘式、手动绞盘式和电力驱动式等。建筑用遮阳硬卷帘具有良好的遮阳隔热节能功效，兼有一定的隔声、防盗功能，因此，在住宅、旅馆、别墅和商铺等建筑中得到了广泛应用。

建筑用遮阳硬卷帘的材料性能、外观质量、尺寸偏差、操作力、抗风性能、机械耐久性能、耐雪荷载性能、抗冲击性能、声学性能、遮阳系数和传热系数等各项技术指标，应符合现行行业标准《建筑用遮阳硬卷帘》（JG/T 443—2014）中的规定。

26. 什么是内置遮阳中空玻璃制品？有何技术要求？

内置遮阳中空玻璃制品是指在中空玻璃内安装遮阳装置的制品，可控遮阳装置的功能动作在中空玻璃外面操作。按内置遮阳装置的操作方式不同，可分为手动和电动两种；按内置遮阳帘的伸展和收回方向不同，可分为竖向、横向和水平三种。

内置遮阳中空玻璃制品的外观质量、尺寸偏差、操作性能、操作力、机械耐久性能、露点、耐紫外线辐照性能、加速耐久性、热工性能和采光性能等各项技术指标，应符合现行行业标准《内置遮阳中空玻璃制品》（JG/T 255—2009）中的规定。

27. 建筑用铝合金遮阳板有何技术要求？

建筑用铝合金遮阳板是一种新兴的户外遮阳产品，具有遮阳、调光、节能、隔声、保护玻璃幕墙、建筑外墙装饰等作用。根据太阳的照射角度来调节叶片的角度，从而达到遮阳调光的最佳效果。开启时通风率可达到88%左右；关闭后百叶能在建筑外立面形成一个整体。建筑用铝合金遮阳板用于医院、办公楼、学校、商场、工厂、展馆等建筑外墙及顶面遮阳隔热节能、装饰作用，使建筑物外观更加宏伟壮观，遮阳节能效果极佳，可有效地节约能源。

建筑用铝合金遮阳板的各项技术指标，应符合现行行业标准《建筑用铝合金遮阳板》（JG/T 416—2013）中的规定。

28. 什么是建筑构件遮阳？具有什么特点和遮阳形式？

建筑构件遮阳就是在建筑物设计和建造过程中专门设置的构件，作为遮阳之用，它属于建筑物的一部分。建筑构件遮阳一般是固定设置、不能调节的，根据实际情况设计良好的固定遮阳设施，遮阳效率一般比较高，而且具有不需要保养维护、遮阳效率不受人为控制因素影响的特点。

对于多层建筑，特别是在炎热地区的建筑，以及终年都需要遮阳的特殊房间，就需要专门做好各种类型的遮阳设施，根据窗口不同朝向和尺寸来选择适宜的遮阳做法。结合结构的处理手法不同，常见的建筑构件遮阳有：挑檐遮阳、阳台遮阳、水平构件遮阳、垂直构件遮阳、格栅式构件遮阳、廊道遮阳、建筑自遮阳、光电一体化遮阳等。

29. 什么是光电一体化遮阳？其最大特点是什么？

光伏发电技术是利太阳能的光伏效应发电，光电一体化建筑遮阳则是将光伏发电与建筑遮阳有机结合起来，既能接受太阳光热取得太阳能之利，生产出绿色的电能，又通过遮阳回避太阳光暴晒之害，可以节约大量能源。因此，得到世界各国的积极响应，已在很多建筑中应用，我国提出"到2020年，全国建成2万个屋顶光伏发电项目，总容量达100万 kW"。

光伏建筑一体化，是应用太阳能发电的一种新概念，简单地讲就是将太阳能光伏发电方阵安装在建筑的围护结构外表面来提供电力。目前，光伏建筑一体化系统按照光伏系统与建筑系统结合的形式，可以分为光伏屋顶结构和光伏幕墙结构两种形式，无论是光伏屋顶还是光伏幕墙，对建筑内部都能起到遮阳的作用。

30. 活动外遮阳产品选用技术要点包括哪些方面?

活动外遮阳产品选用技术要点主要包括:适用层高、抗风等级、耐久性能和遮阳系数。

(1)适用层高。受抗风性能的影响,居住建筑选用的活动外遮阳产品有其适用范围。在实际选用时,可参照表 2-2 进行。当遮阳产品配有风速感应系统时,使用层高不受本表限制,但需对风速感应系统进行实体试验,确保其在设定风速下能将遮阳产品快速收回。

表 2-2　居住建筑常见活动外遮阳设施适用层高

产品分类		适用层高			
		低层 1~3 层	多层 4~6 层	中高层 7~9 层	高层 10 层及以上
百叶帘	导索式	√	√	√	
	导轨式	√	√	√	√
硬卷帘		√	√	√	√
曲臂遮阳篷	平推式	√			
	斜伸式	√	√		
	摆转式	√	√		

(2)抗风等级。选定外遮阳产品的形式以后,应根据建筑物具体情况,确定风荷载标准值。通常建筑物底层安装活动外遮阳时可不必进行抗风性能校验。

根据《建筑遮阳工程技术规范》(JGJ 237—2011)的规定,垂直于遮阳装置的风荷载标准值垂直于遮阳装置的风荷载标准值应按下式计算:

$$W_{ks} = \beta_1 \beta_2 \beta_3 \beta_4 W_k \qquad (2-1)$$

式中　W_{ks}——风荷载标准值(kN/m^2);

　　　W_k——遮阳装置安装部位的建筑主体围护结构风荷载标准值(kN/m^2),根据建筑物位置、体型、高度等,按国家标准《建筑结构荷载规范》(GB 50009—2012)执行;

有风感应的遮阳装置，可根据感应控制范围，确定风荷载；

β_1——重现期修正系数，取 0.7；当遮阳装置设计寿命与主体围护结构一致时，取 1.0；

β_2——偶遇及重要性修正系数，取 0.8；当遮阳装置凸出于主体建筑时，取 1.0；

β_3——遮阳装置兜风系数：柔软织物类取 1.4，卷帘类取 1.0，百叶类取 0.4，单根构件取 0.8；

β_4——遮阳装置行为失误概率修正系数：固定外遮阳取 1.0，活动外遮阳取 0.6。

修正系数 β_1 是考虑遮阳产品的设计寿命与主体结构不一致而对荷载进行的折减。与主体结构不同的是，遮阳装置通常只有当主体建筑遮风效果偶然缺失（如居住建筑外窗未关又正好出现大风）时才出现风压，故受风概率降低，且受风破坏后果的严重程度较主体结果要低得多，故以 β_2 修正。兜风系数 β_3 考虑遮阳装置在风中的形态引起风压的变化。主体建筑遮风效果偶然缺失的失误概率由修正系数 β_4 表达。

活动外遮阳产品风荷载修正系数按表 2-3 取值。

表 2-3　遮阳装置风荷载修正系数

种类	β_1	β_2	β_3	β_4
外遮阳百叶帘	0.7	0.8	0.4	0.6
遮阳硬卷帘	0.7	0.8	1.0	0.6
曲臂遮阳篷	0.7	1.0	1.4	0.6

确定垂直于遮阳装置的风荷载标准值后，对照不同遮阳产品抗风性能等级的额定测试压力，选取相应抗风等级的产品，选取过程采取就高原则。

（3）耐久性能。建筑遮阳产品的耐久性能应与设计寿命相结合，具体包括遮阳材料的耐候性能和产品的机械耐久性能。材料的耐候性能和机械耐久性能可参考表 2-4 进行选取。

表 2-4　材料耐候性参照表

类别	使用年限		
	5 年	10 年	15 年
面料耐气候色牢度分级	3（6 级）	4（7 级）	4（8 级）
金属叶片、帘片涂层	普通聚酯	耐候性聚酯，通过表 2-5 老化性试验	氟碳，符合 JG/T 133 的要求
其他金属材料	通过 240h 中性盐雾试验	通过 480h 中性盐雾试验	通过 720h 中性盐雾试验
提升绳	—	通过 1000h 人工加速老化试验	通过 1500h 人工加速老化试验
成品机械耐久性，伸展/收回	1 级，3000 次	2 级，7000 次	3 级，10000 次

表 2-5　金属百叶帘叶片涂层耐候性要求

项目	要求
耐盐雾性，1500h	不次于 1 级
耐湿热性，1500h	不次于 1 级
耐人工气候加速老化性，1000h	$\Delta E \leqslant 3.0$NBS，光泽保持率$\geqslant 70\%$，粉化不次于 0 级

（4）遮阳系数。外窗的综合遮阳系数为窗的遮阳系数和外遮阳系数的乘积。常见外窗的遮阳系数和活动外遮阳产品的外遮阳系数分别参见表 2-6 和表 2-7。

表 2-6　常见外窗遮阳系数

玻璃品种及规格/mm	玻璃遮阳系数	隔热铝合金窗综合遮阳系数	木窗、塑钢窗综合遮阳系数
6 透明＋12 空气＋6 透明	0.86	0.69	0.60
6 高透光 Low-E＋12 空气＋6 透明	0.62	0.50	0.43
6 中透光 Low-E＋12 空气＋6 透明	0.50	0.40	0.35
6 较低透光 Low-E＋12 空气＋6 透明	0.38	0.30	0.27
6 高透光 Low-E＋12 氩气＋6 透明	0.62	0.50	0.43
6 中透光 Low-E＋12 氩气＋6 透明	0.50	0.40	0.35
6 较低透光 Low-E＋12 氩气＋6 透明	0.38	0.30	0.27

表 2-7　居住建筑常用活动外遮阳产品外遮阳系数

产品种类	外遮阳系数
平推式曲臂遮阳篷	按照水平遮阳进行计算
摆转式、斜伸式曲臂遮阳篷	0.25～0.30
金属百叶帘	0.15～0.20
硬卷帘	0.20～0.30

31. 如何评价建筑遮阳产品的机械耐久性能？

建筑遮阳产品的机械耐久性能是指在多次伸展和收回、打开和关闭作用下，不发生损坏（如裂缝、板面或面料破损、局部屈服、连接失效等）和功能障碍（如操作功能障碍、五金件松动等）的能力。建筑遮阳产品的机械耐久性能如何，可根据建筑遮阳产品的种类，应按照现行行业标准《建筑遮阳产品机械耐久性能试验方法》（JG/T 241—2009）中的规定，通过测试进行评价。

32. 如何评价建筑外遮阳产品用金属材料耐久性？

在现行行业标准《建筑用遮阳金属百叶帘》（JG/T 251—2009）和《建筑遮阳通用要求》（JG/T 274—2010）等标准中，对建筑外遮阳产品所用金属材料的耐久性均提出了要求。外遮阳产品用金属材料耐久性要求如表 2-8 所示。

表 2-8　外遮阳产品用金属材料耐久性要求

试件	执行标准	试验类别		要求
铝合金叶片	《建筑用遮阳金属百叶帘》（JG/T 251—2009）	耐盐雾性，1500h		不次于 1 级
		耐湿热性，1500h		不次于 1 级
		耐人工气候加速老化性，1000h	色差	$\Delta E \leqslant 3.0$NBS
			光泽保持率	$\geqslant 70\%$
			粉化	不次于 0 级
			其他老化性能	不次于 0 级
铝型材	《建筑遮阳通用要求》（JG/T 274—2010）	符合 GB 5237.4 或 GB 5237.5 的要求		
钢材		耐盐雾性，240h		不次于 1 级

此外，现行的《建筑用铝合金遮阳板》JG/T 416—2013 等标准中，也将对遮阳金属材料的耐久性提出了明确的要求。

33. 如何评价建筑遮阳产品的操作力？

建筑遮阳产品的操作力是指在解除制锁的状态下，伸展、收回手动遮阳产品所需的力，或开启、关闭手动遮阳叶片、板所需的力。建筑遮阳产品的操作力应按照现行行业标准《建筑遮阳产品操作力试验方法》（JG/T 242—2009）中的规定，通过测试进行评价。

34. 如何评价建筑遮阳产品的隔热性能？

建筑遮阳产品的隔热性能反映遮阳产品阻隔辐射得热和温差传热的能力，用遮阳产品和 3mm 透明平板玻璃的综合遮阳系数表示。建筑遮阳产品的隔热性能如何，应按照现行行业标准《建筑遮阳产品隔热性能试验方法》（JG/T 281—2010）中的规定，通过测试进行评价。

35. 如何评价建筑遮阳热舒适、视觉舒适性能？

热舒适是指室内人体对周围热环境的感受，主要受室内综合温度的影响。室内综合温度取决于空气温度、空气流速和周围环境表面温度。视觉舒适是指室内人体对周围视觉环境的感受，包括遮阳设施的不透明调节、眩光调节、夜间私密性、透视外界的能力和日光的利用。建筑遮阳热舒适、视觉舒适性能如何，应按现行行业标准《建筑遮阳热舒适、视觉舒适性能检测方法》（JG/T 356—2012）中的规定，通过测试进行评价。

36. 如何评价建筑遮阳产品耐雪荷载性能？

建筑遮阳产品耐雪荷载性能检测，是指在试验室条件下，对建筑遮阳产品施加模拟检测耐雪荷载后，通过检测试验前后操作性能和中心点变形的位移数，判定遮阳产品耐雪荷载性能。户外遮阳产品按额定荷载和安全荷载确定其耐雪荷载性能，耐雪荷载性能分为不同等级。在严寒地区和寒冷地区使用的，与水平面夹角小于50°的户外遮阳产品，应进行雪荷载检测。建筑遮阳产品耐雪荷载性能，应按现行行业标准《建筑遮阳产品耐雪荷载性能检测方法》（JG/T 412—2013）中的规定，通过测试进行评价。

37. 如何评价建筑遮阳产品遮光性能？

建筑遮阳产品能有效阻挡太阳光直接照射到室内，减少室内空调能耗，是建筑隔热保温技术的重要内容，代表着建筑节能技术的发展方向。建筑遮阳产品遮光性能如何，应按现行行业标准《建筑遮阳产品遮光性能试验方法》（JG/T 280—2010）的规定，通过测试进行评价。

38. 如何评价建筑遮阳篷产品耐积水荷载性能？

对耐积水荷载性能的要求，适用于建筑用各种完全伸展的外遮阳篷，在积水重力的作用下，应能承受相应荷载的作用。对于坡度小于或等于25%的遮阳篷，在其完全伸展状态下，承受最大积水所产生的荷载时应不发生面料破损和破裂。在积水荷载释放、篷布干燥后，手动遮阳篷的操作力应能保持在原等级范围内。当遮阳篷坡度小于25%或小于制造商的推荐值时，遇下雨时曲臂遮阳篷应予收回，并应在使用说明书中说明。遮阳篷耐积水性能应按照现行行业标准《建筑遮阳篷耐积水载荷试验方法》（JG/T 240—2009）中的规定，通过测试进行评价。

39. 如何评价硬质叶片遮阳帘类产品的抗冲击性能？

硬质叶片遮阳帘主要包括硬卷帘、室外百叶帘等产品。经抗冲击性能试验后，硬质叶片遮阳帘不应出现以下情况：①外表产生缺口或开裂，凹口的平均直径大于20 mm；②无法正常操作或操作装置出现功能性障碍或损坏；③手动操作遮阳产品的操作力不能保持在初始等级范围内。硬质叶片遮阳帘抗冲击性能应按照现行行业标准《建筑遮阳产品抗冲击性能试验方法》（JG/T 479—2015）中的规定，通过测试进行评价。

40. 如何评价建筑遮阳产品误操作性能？

建筑遮阳产品在使用过程中，误操作在所难免。当误操作的操作力为操作力最大值的 1.5 倍时，产品应不致损坏。发生误操作后，建筑遮阳产品面料及接缝应无破损、接缝无撕裂，产品外观和导轨无永久性损伤；操作装置应无功能性障碍或损坏；同时，手动遮阳产品的操作力数值应维持在试验前初始操作力的等级范围内。建筑遮阳产品误操作性能应按照现行行业标准《建筑遮阳产品误操作试验方法》（JG/T 275—2010）中的规定，通过测试进行评价。

41. 如何评价建筑遮阳产品抗风性能？

各类户外遮阳产品应具备足够的抗风性能，即在额定荷载的作用下，遮阳产品应能正常使用，并不致产生塑性变形或损坏；而在安全荷载的作用下，遮阳产品不致从导轨中脱出而产生安全危险。在测试风压 P 作用下，遮阳设施应满足以下要求：①在额定风压的作用下，遮阳设施应能正常使用，并不会产生塑性变形或损坏；②在安全风压的作用下，遮阳设施不会从导轨中脱出而产生安全危险。

户外遮阳篷、遮阳帘按额定测试风压 P 和安全测试风压 $1.2P$ 确定抗风性能等级，抗风性能等级分为 1 至 5 级（见表 2-9）。户外百叶窗、百叶帘按额定测试风压 P 和安全测试风压 $1.5P$ 确定抗风性能等级，抗风性能等级分为 1 至 6 级（见表 2-10）。

表 2-9 户外遮阳篷、遮阳帘抗风性能等级

	抗风性能等级	1	2	3	4	5
测试	额定测试压力 P（N/m²）	50	100	200	400	>400
压力	安全测试压力 1.2P（N/m²）	60	120	240	480	>480

表 2-10 户外百叶窗、百叶帘抗风性能等级

	抗风性能等级	1	2	3	4	5	6
测试	额定测试压力 P（N/m²）	50	100	200	400	800	1200
压力	安全测试压力 1.5P（N/m²）	75	150	300	600	1200	1800

42. 如何评价建筑外遮阳产品的抗风性能？

活动外遮阳产品的抗风性能直接与其使用安全相关，各产品标准中也明确规定了其抗风性能的要求和分级（见表 2-11）。在《建筑遮阳工程技术规范》（JGJ 237—2011）中则规定外遮阳工程应对进场的外遮阳产品的抗风性能通过见证送检的方式进行复验。

表 2-11 居住建筑常用活动外遮阳产品抗风性能分级

遮阳产品	抗风性能等级（额定测试压力，P，N/m²）						执行标准
	1	2	3	4	5	6	
百叶帘	50	70	100	170	270	400	JG/T 251—2009
硬卷帘	50	100	200	400	800	1500	JG/T 274—2010
曲臂遮阳篷	40	70	110	—	—	—	JG/T 253—2015

注：曲臂遮阳篷安全测试压力应为 1.2P；百叶帘、硬卷帘安全测试压力应为 1.5P。

欧盟普遍将涉及公共安全、健康、环保、节能等几个方面的建筑产品列入 CE 强制性的产品认证目录，对建筑遮阳产品进行约束管理。自 2006 年 4 月 1 日起，欧盟对所有的建筑外遮阳产品实施 CE（安全认证标志）强制性认证，要求进行抗风压测试，并要求生产厂家必须提供建筑外遮阳产品的抗风压等级。

目前在国内还没有对建筑外遮阳产品的抗风性能提出强制性

认证的要求。抗风性能涉及使用过程中的安全性，研究 CE 的认证技术，在我国开展外遮阳产品抗风性能强制性认证是一个发展趋势。

43. 如何评价建筑户外用遮阳纺织面料？

户外用的遮阳篷、天篷帘、软卷帘等大量使用纺织面料，以"阳光面料"为主。所谓"阳光面料"，简而言之就是用来遮挡阳光和日照的面料，具有较强的阻挡强光和紫外线的能力，耐久性相对优异。其材质多为聚酯、玻纤等，处理工艺主要分为 PVC 包覆和浸渍两类。在国内基本采用聚酯＋PVC 包覆，而在国外，更多采用玻纤＋PVC 浸渍。外遮阳产品用面料的耐久性主要通过耐人造光色牢度和耐气候色牢度两个指标来体现。

（1）耐人造光色牢度。色牢度又称染色牢度、染色坚牢度，是指纺织品的颜色对加工和使用过程中各种作用的抵抗力。遮阳面料的耐人造光色牢度按照《纺织品 色牢度试验 耐人造光色牢度：氙弧》（GB/T 8427—2008）进行，由于氙灯与日光光谱最为接近，故又称为日晒色牢度。其原理是纺织品试样与一组蓝色羊毛标准一起在人造光源下按规定条件暴晒，然后将试样与蓝色羊毛标准进行变色对比，评定其色牢度。

（2）耐气候色牢度。遮阳面料的耐气候色牢度按照《纺织品 色牢度试验 耐人工气候色牢度：氙弧》（GB/T 8430—1998）进行。相对于日晒色牢度，耐气候色牢度增加了喷淋系统，通过喷雾与干燥的循环试验，与实际使用环境更为近似。

（3）纺织材料耐久性。对于遮阳纺织材料耐久性的要求，遮阳篷、软卷帘、天篷帘与通用要求标准基本一致，要求日晒色牢度和耐气候色牢度最次不得低于 4 级，日晒色牢度、耐气候等级及效果如表 2-12 所示。

表 2-12　日晒色牢度、耐气候等级及效果

等级	4～5 级	6 级	7 级	8 级
效果	弱	中	好	极好

44. 在《绿色建筑选用产品技术指南》中对建筑遮阳产品及其生产企业有哪些要求?

建筑遮阳是绿色建筑不可或缺的重要组成部分。绿色建筑在进行遮阳产品的选用时,应按照其使用性能、环境安全性、功能性和环境负荷等综合因素进行考虑。在《绿色建筑选用产品技术指南》中对建筑遮阳产品及其生产企业的要求分为控制项、评分项和加分项。

（1）控制项。

① 建筑材料及产品应满足相应的国家或行业标准要求,并提供由具有相应资质的检测机构所出具的有效期内的产品检验合格报告。

② 国家和地方建设行政主管部门禁止和限制使用的建筑材料及制品不得参与绿色建筑选用产品评价。

③ 建筑材料中有害物质含量符合现行国家标准（GB 18580～18588）和《建筑材料放射性核素限量》（GB 6566—2010）的要求。

（2）评分项。外遮阳产品评分项的要求见表 2-12。

表 2-12　外遮阳产品评分项

评分项		分值	要求
产品性能	更优的使用性能	关键性能	20	外遮阳系数≤0.30
		耐久性	10	机械耐久性≥10000 次
	更高的安全性	10	抗风性能金属类达到 5 级（800Pa）,面料类达到 3 级（200Pa）;或带有风雨感应装置
	合理的功能性	10	兼具导风、导光、隔声等功能
生命周期环境负荷	15	提交 LCA 报告或碳排放计算书
生产规范化管理	10	通过 ISO 9001 质量管理体系认证
	5	通过 ISO 14001 环境管理体系认证
	5	通过 GB/T 23331 能源管理体系认证
	5	通过自愿性产品认证（或省级以上科技成果评估推广证书）

注:不透光材质且完全伸展时可遮蔽整窗的活动外遮阳产品外遮阳系数可视为直接满足。如不带穿孔的百叶帘、硬卷帘、遮阳板等。

（3）加分项。

① 建筑材料在保证性能和安全的前提下，使用废弃物为生产原料。（5分）

掺和量大于20%，得3分；掺和量大于50%，得5分。

② 建筑材料及产品全部或大部分为可循环材料，如金属材料、木材、玻璃、石膏制品等。（5分）

可循环材料质量比≥50%，得3分；可循环材料质量比≥80%，得5分。

③ 建筑材料及产品具有明显的先进性，其生产工艺或对建筑在低能耗、低消耗、环境品质、使用安全等方面有明显的贡献。（10分）

45. 建筑遮阳产品的发展趋势是什么？

经历兴衰之后的遮阳技术在今天得到重新重视，与传统的建筑遮阳技术应用手法方面具有明显的不同，如果说建筑遮阳技术的传统应用手法是借助建筑屋檐、廊道、阳台等建筑构件实现遮阳功能，现代建筑中的遮阳技术应用则更借助科技发展成果，创造与建筑构件复合为一体的遮阳设施、产品实现遮阳功能。主要的发展趋势为：

（1）建筑一体化。建筑窗洞是建筑围护结构中最薄弱环节，是节能控制的主要对象，因此现代建筑遮阳技术应用的主要对象是建筑窗洞。为了适应不同高度、不同功能建筑的特点，考虑建筑遮阳设施使用的安全性、施工与调节简易性以及延长其使用寿命等问题，现代遮阳设施的一个发展趋势是将遮阳产品与建筑窗洞一体化制造，典型的如中置百叶的呼吸幕墙结构、中置遮阳帘的双层窗户、结构与窗户一体化制造的外遮阳产品等。

（2）功能复杂化。建筑遮阳隔热降温的主要原理是遮挡太阳的直接辐射得热，因此从其诞生之日起一直与自然通风技术捆绑在一起，在炎热时间改善环境舒适度。现在遮阳技术的发展在继承这一传统之外，通过巧妙的建筑设计，采用合理的遮阳产品将遮阳的光线调节作用也充分发扬，促使建筑遮阳设施担当调节太阳得热和自然采光的双重功能。可以利用刚性建筑外遮阳设施担当能源生产者，发展低能耗建筑。例如，将太阳能光电膜结构与刚性外遮阳设施结合，使外遮阳设施在遮阳的同时进行太阳能发电，极大地拓展了遮阳构件的功能。

（3）文化本土化。建筑的属性决定建筑必然体现文化、经济、科技和政治的需求。建筑遮阳作为建筑的一个有机部分，必然也会折射这些元素的影响。一方面遮阳材料、结构或者遮阳产品外观的处理会体现当地气候、风俗等地域文化特色，另一方面如果建筑遮阳系统能凸显民族文化精髓，必将提升建筑的文化内涵和品位，丰富建筑的变化，例如著名的阿拉伯世界文化中心建筑采用的遮阳设施。

（4）调控自动化。遮阳技术的最佳应用离不开对太阳运动的理解，也离不开对建筑功能需求的理解，两者都要求遮阳设施本身可以随着建筑-太阳关系的变化或者建筑区域功能的转变而及时调整，人工的调控模式虽然经济，但是在某些场合却显示出力不从心或者无能为力，尤其是公共建筑中使用的外遮阳设施，往往需要控制系统辅助实现调控作用，因此遮阳的自动化调控措施将随着遮阳技术的大规模应用而日益普及。

（5）产品多元化。科技进步也带来遮阳产品和材质的多元化，除了传统的木材、竹材等天然材料外，还开发了合成塑料、钢材、铝材、陶瓷、有机织物等多种材料，产品外观不仅色彩丰富，形状和遮阳结构也多种多样，适应于不同需求的内外遮阳产品呈现出百花齐放态势，不仅可以覆盖所有建筑需求，而且可选择范围越来越广。

46. CE 认证对建筑遮阳产品有哪些要求？

"CE"是法文"Conformité Européene"的缩写，其意为"符合欧洲标准"。根据不同指令规定的，输入欧盟市场的大部分产品都必须通过加贴 CE 标志，也就是必须通过 CE 认证，才能在欧盟市场上销售。欧洲市场是遮阳产品出口的主要市场，而进入欧洲市场必须通过欧盟的强制性认证，即 CE 认证。据了解，外遮阳产品应执行建筑指令，Construction Products Directive（89/106/CEE）；电动遮阳产品还需执行机械指令，Machinery Directive（98/37/EC）。

自 2006 年 4 月 1 日起，欧盟对所有的建筑外遮阳产品实施 CE 强制性认证，要求产品进行抗风压性能测试，并要求生产厂家通过自我声明的形式提供产品的抗风压性能等级。遮阳产品 CE 的标志通常包括生产厂家名称、注册地址、产品名称、执行标准、产品使用位置和抗风压等级等内容。电动遮阳产品还需符合机械指令（98/37/EC）的要求。机械产品安全性是其进入欧洲市场的首要必备条件。欧盟法律要求，加贴了 CE 标签的产品投放到欧洲市场后，其技术文件（Technical Files）必须存放于欧盟境内直到产品停产后 10 年，供监督机构随时检查。技术文件中所包含的内容若有变化，技术文件也应及时更新。

第三章

建筑遮阳设计

47. 我国建筑遮阳工程设计现状是什么?

我国遮阳行业与发达国家相比,最突出的差距在于建筑遮阳工程的设计方面。不少建筑设计单位没有将遮阳工程设计纳入建筑设计的范畴,而是完成建筑设计后再将内遮阳产品作为补充。而发达国家在建筑设计过程中将外遮阳设计与建筑立面融为一体,十分重视整体规划,具有整体美感。

在国内主要的建筑设计及科研单位,缺少专门针对建筑遮阳方面的研究设计人才,大多数设计师将遮阳视为建筑装饰的附加配套设施,目的是为了标榜该建筑的造价及档次,过于注重表现建筑遮阳的符号性,而忽略了节能的重要含义。或者在设计中,过于片面强调建筑物的立面效果,而忽略了基本的建筑日照设计与节能设计,虽然设计了外遮阳设施,但遮阳的节能效果并没有得到很好体现。

48. 建筑遮阳设计的依据是什么?

在进行建筑遮阳设计时,主要应根据建筑气候、窗口朝向和房间的用途这三方面来决定采用哪种建筑遮阳形式和种类;同时还要考虑需要遮阳的月份和一天中的时间等因素。

(1) 建筑气候。一个地方的建筑气候,是与它所处的地理位置(地理纬度)密切相关的。我国处在北纬地区。一般地讲,纬度越低,天气越热,纬度越高,天气越冷。地理纬度不同,建筑气候就不同。如果只是为了防止室内过热的话,那么,在中纬度的地区,由于夏天热的时间短,冬天冷的时间长,所以,冬天加强采光,充分利用太阳能是主要的方面;夏天遮阳防热是次要的,除特殊需要外,一般可以不遮阳。但在低纬度的南方地区,夏天热的时间长,冬天冷的时间短或者没有冬天,因此,应加强夏季遮阳,防止建筑过热。

地理纬度不同,太阳在天空中的位置也有所不同。在北回归线以北的地区，太阳的位置一年之中大都偏南；在北回归线以南的地区，太阳的位置一年之中较长时间偏南，较短时间偏北，所以，该地区的建筑，在夏至前后的月份里必要时也在北向窗口设遮阳设施。另外，在夏天，纬度越低的地区，中午的太阳越靠近"天顶"，即太阳高度角越大，所以，同样尺寸的南向窗口，纬度较低的地区，太阳射进的深度比纬度较高的地区浅。因此，南向窗口的水平遮阳板的挑出长度，低纬度地区就可比高纬度地区的短了。

（2）窗口朝向。窗口朝向不同，太阳辐射入的热量也不同，且照射的深度和时间长短也不一样。东、西窗传入的热量比南窗将近大一倍，北窗是最小的。东、西窗的传热量虽然差不多，但东窗传入热量最多的时间是上午7时至9时左右。这时，室外气温还不高，室内积聚的热量也不多，所以影响不显著。西窗就不一样，它传入热量最多的时间是下午3时左右。这时，正是室内外温度都是最高的时候，所以影响比较大，使人们觉得西窗比东窗热得多。因此，西窗的遮阳比其他朝向的窗口遮阳来得重要。当东、西窗未开窗时，则应加强南向窗的遮阳。朝向不同的窗口，要求采用不同形式的遮阳，如果遮阳形式选择不当，遮阳效果就大大降低或是造成浪费。

（3）房间的用途。用途不同的房间，对遮阳的要求也不同。不允许阳光射进的特殊建筑，如博物馆、书库等，就应当按全年完全遮阳来进行设计；一般公共建筑物，主要是防止室内过热，不需要全年完全遮阳，而是按一年中气温最高的几个月和这段时间内每天中的某几个小时的遮阳来设计；一般居住的建筑，阳光短时射进来，或照射不深，采用简易活动遮阳设施较佳。

根据以上所述，窗户遮阳的设计受多方面因素的影响，要全面进行考虑，一般应尽可能做到下面几点：①既要夏天能遮阳，避免室内过热；又要冬天不影响必需的日照，以及保证春秋季的阳光。②晴天既能防止眩光，阴天又不致使室内光线太差。③要减少对通风的影响、还能导风入室。最好还能防雨。④构造简单、经济耐用，在可能条件下同建筑立面设计配合，实现建筑遮阳一体化设计，以取得美观的效果。

49. 建筑遮阳设计的标准有哪些?

建筑遮阳节能要求越来越受重视，已经颁布的标准有《夏热冬暖地区居住建筑节能设计标准》（JGJ 75—2012）、《夏热冬冷地区居住建筑节能设计标准》（JGJ 134—2010）、《严寒和寒冷地区居住建筑节能设计标准（含光盘）》（JGJ 26—2010）、《工业建筑采暖通风与空气调节设计规范》（GB 50019— 2015）和《公共建筑节能设计标准》（GB 50189—2015)等。

随着遮阳行业的发展，为了有效减少能源应用，提高建筑热舒适度，减少温室气体排放，减少夏季空调负荷，并提高建筑节能技术水平，住房和城乡建设部下达了编制建筑遮阳标准的任务，其中已有不少通过评审并颁布实施，建筑遮阳设计的标准和依据具体见表 2-1。

50. 建筑遮阳一体化设计的影响因素是什么?

（1）气候特点。建筑遮阳设计首要考虑的就是气候特点，而不是以气候分区为根据。大家往往认为夏热冬暖地区需要遮阳，而其他气候区不需要，或者以夏热冬暖地区的标准要求夏热冬冷等其他地区的遮阳，这都是不对的。遮阳设计的气候条件主要依据：①室外气温达到和超过 29℃；②太阳辐射强度大于 $240W/m^2 \cdot h$；③阳光射入室内深度超过 0.5m；④阳光射入室内时间超过 1h 等条件。

（2）室内环境的要求。建筑遮阳设计的主要目的是为了改善室内环境。因此设计者需要深入考虑建筑使用者对室内热、光、声等环境的要求；温度做到室内季节差异、昼夜差异尽可能小，光线尽量做到可调节适应环境的变化，并能起到一定的降噪作用。

（3）建筑内外面的整体视觉效果。建筑遮阳系统不但要把握好建筑外立面的视觉效果，还应充分考虑室内的视觉效果。

（4）安全性和稳定性。保证与主体结构的可靠连接，保证在各种外力载荷作用下的安全性和稳定性，是建筑遮阳工程中必须考虑的因素，也是最重要的因素。

（5）遮阳系统的调节方式。遮阳系统的调节方式一般分为手动、半自动、智能三种。对一般的遮阳系统来说，手动调节就能达到方便高效的目的，但是大面积和高层的玻璃幕墙就需要依赖电动调节设施。

（6）遮阳系统的使用寿命。一般的遮阳系统在使用前期效果比较好，但几年之后，遮阳效果会渐渐变差，客户投诉率逐年增加。所以好的建筑遮阳系统在考虑满足上述条件的前提下，尽可能提高使用寿命，降低使用成本。

51. 建筑遮阳一体化的设计原则是什么？

（1）适应气候和环境的原则。气候和环境包括当地的气候环境和本建筑周边的环境状况。针对具体的环境问题，具体分析、解决问题，优化设计。

（2）"功能化"的设计原则。门窗的功能很多，诸如保温、调节光线、防盗、采光观景、降低外界噪声、防风避雨等各种功能，不同的设计侧重点不同。外遮阳系统可以根据门窗的功能优缺点进行合理补充，起到优势互补的作用。

（3）艺术与功能结合的设计原则。建筑作为艺术和技术的结合体，同样建筑遮阳设计也需要围绕着建筑美来做文章，通过合理配合达到优美的结构形式，提高整个建筑的外在形象。

52. 《民用建筑热工设计规范》中对遮阳设计的要求是什么？

在现行国家标准《民用建筑热工设计规范（含光盘）》（GB 50176—2016）中对建筑遮阳设计提出如下有关规定：

第3.3.1条　建筑物的夏季防热应采取自然通风、窗户遮阳、围护结构隔热和环境绿化等综合性措施。

第3.3.2条 建筑物的总体布置，单体的平、剖面设计和门窗的设置，应有利于自然通风，并尽量避免主要房间受东、西向的日晒。

第3.3.3条 建筑物的向阳面，特别是东、西向窗户，应采取有效的遮阳措施。在建筑设计中，宜结合外廊、阳台、挑檐等处理方法达到遮阳目的。

第3.4.8条，向阳面，特别是东、西向窗户，应采取热反射玻璃、反射阳光涂膜、各种固定式和活动式遮阳等有效的遮阳措施。

53. 《公共建筑节能设计标准》中对遮阳设计的要求是什么？

在现行国家标准《公共建筑节能设计标准》（GB 50189—2015）中对建筑遮阳设计提出如下有关规定：

3.3.1 根据建筑热工设计的气候分区，甲类公共建筑的围护结构热工性能应分别符合《公共建筑节能设计标准》（GB 50189—2015）中表3.3.1-1～表3.3.1-6的规定。当不能满足本条规定时，必须按《公共建筑节能设计标准》规定的方法进行权衡判断。

3.3.2 乙类公共建筑的围护结构热工性能应分别符合《公共建筑节能设计标准》（GB 50189—2015）中表3.3.2-1和表3.3.2-2的规定。

3.3.3 建筑围护结构热工性能参数计算应符合下列规定：

（1）外墙的传热系数应包括结构性热桥在内的平均传热系数，平均传热系数应按《公共建筑节能设计标准》（GB 50189—2015）附录A的有关规定计算。

（2）外窗（包括透光幕墙）的传热系数应按现行国家标准《民用建筑热工设计规范（含光盘）》（GB 50176—2016）的有关规定计算。

（3）当设置外遮阳构件时，外窗（包括透光幕墙）的太阳得热系数应为外窗（包括透光幕墙）本身的太阳得热系数与外遮阳构件的遮阳系数乘积。外窗（包括透光幕墙）本身的太阳得热系数和外遮阳构件的遮阳系数，应按现行国家标准《民用建筑热工设计规范（含光盘）》（GB 50176—2016）的有关规定计算。

54.《严寒和寒冷地区居住建筑节能设计标准》中对遮阳设计的要求是什么？

在现行行业标准《严寒和寒冷地区居住建筑节能设计标准》（JGJ 26—2010）中对建筑遮阳设计提出如下有关规定：

第4.2.2条　根据建筑物所处城市的气候分区区属不同，建筑围护结构的传热系数不应大于表4.2.2-1～4.2.2-5规定的限值，周边地面和地下室外墙的保温材料层热阻不应小于表4.2.2-1～4.2.2-5规定的限值，寒冷（B）区外窗综合遮阳系数不应大于表4.2.2-6中规定的限值。当建筑围护结构的热工性能参数不满足上述规定时，必须按照本标准第4.3节的规定进行围护结构热工性能的权衡判断。

第4.2.4条　寒冷（B）区建筑的南向外窗（包括阳台的透明部分）宜设置水平遮阳或活动遮阳。东、西向的外窗宜设置活动遮阳。外遮阳的遮阳系数应按本标准附录D确定。当设置了展开或关闭后可以全部遮蔽窗户的活动式外遮阳时，应认定满足《严寒和寒冷地区居住建筑节能设计标准》（JGJ 26—2010）第4.2.2条对外窗的遮阳系数的要求。

第4.2.4条　条文说明，"……在南窗的上部设置水平外遮阳，夏季可减少太阳辐射热进入室内，冬季由于太阳高度角比较小，对进入室内的太阳辐射影响不大。有条件的话最好在南窗设置卷帘式或百叶窗式的外遮阳。东西窗也需要遮阳，但由于当太阳东升西落时其高度角比较低，宜设置展开或关闭后可以全部遮蔽窗户的活动式外遮阳。冬夏两季透过窗户进入室内的太阳辐射对降低建筑能耗和保证室内环境的舒适性所起的作用是截然相反的。活动式外遮阳容易兼顾建筑冬夏两季对阳光的不同需求，所以设置活动式的外遮阳更加合理。窗外侧的卷帘、百叶窗等就属于展开或关闭后可以全部遮蔽窗户的活动式外遮阳，虽然造价比一般固定外遮阳（如窗口上部的外挑板等）高，但遮阳效果好，最能兼顾冬夏的特点，应当鼓励使用。"

55.《夏热冬冷地区居住建筑节能设计标准》中对遮阳设计的要求是什么？

在现行行业标准《夏热冬冷地区居住建筑节能设计标准》（JGJ 134－2010）中对建筑遮阳设计提出如下有关规定：

4.0.5 条中明确提出了夏热冬冷地区不同朝向外窗（包括阳台门的透明部分）综合遮阳系数限值要求

第 4.0.5 条　不同朝向外窗（包括阳台门的透明部分）的窗墙面积比不应大于表 4.0.5-1 规定的限值。不同朝向、不同窗墙面积比的外窗传热系数不应大于表 4.0.5-2 规定的限值；综合遮阳系数应符合表 4.0.5-2 的规定。当外窗为凸窗时，凸窗的传热系数限值应比表 4.0.5-2 规定的限值小 10％；计算窗墙面积比时，凸窗的面积应按洞口面积计算。当设计建筑的窗墙面积比或传热系数、遮阳系数不符合表 4.0.5-1 和表 4.0.5-2 的规定时，必须按照《夏热冬冷地区居住建筑节能设计标准》第 5 章的规定进行建筑围护结构热工性能的综合判断。

第 4.0.7 条　东偏北 30°至东偏南 60°、西偏北 30°至西偏南 60°范围内的外窗应设置挡板式遮阳或可以遮住窗户正面的活动外遮阳，南向的外窗宜设置水平遮阳或可以遮住窗户正面的活动外遮阳。各朝向的窗户，当设置了可以完全遮住正面的活动外遮阳时，应认定满足本表 4.0.5－2 对外窗遮阳的要求。

第 4.0.7 条条文说明，"……在夏热冬冷地区居住建筑上应大力提倡使用卷帘、百叶窗之类的外遮阳。"

56.《夏热冬暖地区居住建筑节能设计标准》中对遮阳设计的要求是什么？

在现行行业标准《夏热冬暖地区居住建筑节能设计标准》（JGJ

75—2012）中对建筑遮阳设计提出如下有关规定：

第4.0.6条 居住建筑的天窗面积不应大于屋顶总面积的4%，传热系数不应大于4.0W/（m²·K），遮阳系数不应大于0.4。当设计建筑的天窗不符合上述规定时，其空调采暖年耗电指数（或耗电量）不应超过参照建筑的空调采暖年耗电指数（或耗电量）。

第4.0.8条 居住建筑外窗的平均传热系数和平均综合遮阳系数应符合表4.0.8-1和表4.0.8-2的规定。当设计建筑的外窗不符合表4.0.8-1和表4.0.8-2的规定时，建筑的空调采暖年耗电指数（或耗电量）不应超过参照建筑的空调采暖年耗电指数（或耗电量）。

第4.0.8条条文说明，"……在北区采用窗口建筑活动外遮阳措施比采用固定外遮阳措施要好；在南区采用窗口建筑固定外遮阳措施，对建筑节能是有利的，应积极提倡。"

第4.0.10条 居住建筑的东、西向外窗必须采取建筑外遮阳措施，建筑外遮阳系数不应大于0.8。

57. 如何结合实际确定合理的建筑遮阳形式？

建筑遮阳的目的是阻断阳光透过玻璃进入室内，防止过分照射和加热建筑围护结构，防止眩光，以消除或缓解室内高温，降低空调的用电量。因此针对不同朝向在建筑设计中采取适宜合理的遮阳措施是改善室内环境、降低空调能耗、提高节能效果的有效途径。特别是夏季，强烈的太阳辐射是高温热量之源，而遮阳是隔热最有效的手段。有关资料表明，窗户遮阳所获得的节能收益为建筑能耗的10%～24%，而用于遮阳的建设投资则不足2%，遮阳设施的材料、位置、构成将影响遮阳效果，有的场合会因为遮阳设计不当而带来无法改变的缺陷而遗憾。因此，建筑师只有熟知遮阳的形式、构成、特性及其使用范围等，才能在设计中合理选用。建筑遮阳的基本形式按构件相对于窗口的位置，通常可以分为外遮阳、内遮阳、玻璃自遮阳和绿化遮阳。

58. 我国绿色建筑评价对建筑遮阳有何要求？

我国在《绿色建筑评价标准》中对绿色建筑做出了定义：在建筑的全寿命周期内，最大限度地节约资源（节能、节地、节水、节材）、保护环境和减少污染，为人们提供健康、适用和高效的使用空间，与自然和谐共生的建筑。其中与建筑遮阳相关的主要涉及节能、节材与室内环境。

（1）节能。在绿色建筑对建筑节能的要求中，围护结构的热工性能是重要的指标。其中控制项要求围护结构的热工性能必须满足相应的国家或行业建筑节能设计标准。而非控制项则要求围护节能的热工性能要优于上述标准，包括传热系数与遮阳系数。

（2）节材。绿色建筑要求建筑造型要素简约，装饰性构件应功能化。所谓单纯的装饰性构件，主要针对不具备遮阳、导光、导风、载物、辅助绿化等作用的飘板、格栅和构架；单纯为追求标志性效果的塔、球、曲面等。而建筑遮阳能够与建筑巧妙结合，丰富建筑表现元素，提高建筑表现力。所以，建筑遮阳是装饰性构件功能化最主要的手段之一。

（3）室内环境。在《绿色建筑评价标准》（GB 50378—2014）中室内环境一章中作为非控制项明确提出：采用活动外遮阳，改善室内光热环境。通过遮阳的设置，防止阳光辐射直接进入室内，在节能的同时可有效地改善局部热环境，避免开口附近烘烤的感觉，同时还能降低眩光，提高自然采光的均匀度。

59. 选用活动遮阳产品有哪些优势？

相对于固定式遮阳，活动式外遮阳的优势主要体现在以下几个方面：①调节比较灵活方便，能够在夏季阻挡太阳光辐射，在降低室内温度的同时，不影响冬季阳光辐射的进入，减少冬季采暖能耗；②能够向室内引进足够的天然光线，降低照明的能耗，使室内的自然光线均匀散布；③在遮阳的同时，能够减少对室内自然通风性能的不利影响；④遮阳产品种类丰富，价格低廉，安装方便，对建筑立面能起到很好的装饰作用；⑤部分活动式遮阳产品还具有隔声降噪、安全防盗的功能。

60. 建筑外遮阳产品的抗风性能等级如何选取？

由于中国东南沿海多台风，台风强度很大，加之我国一些遮阳设施将用于高层建筑，高层建筑上部风力更大。为了保证遮阳设施的安全，对于户外遮阳篷、外遮阳帘和百叶的抗风性能等级规定的测试荷载比欧盟标准有较大提高。

各类户外遮阳产品应具备足够的抗风性能，即在额定荷载的作用下，遮阳产品应能正常使用，并不致产生塑性变形或损坏；而在安全荷载的作用下，遮阳产品不致从导轨中脱出而产生安全危险。在《建筑外遮阳产品抗风性能试验方法》（JG/T 239—2009）标准附录中列有各类遮阳产品抗风压性能的具体要求。户外遮阳帘和遮阳篷、遮阳百叶窗（卷帘窗）、遮阳板、遮阳格栅等，应按额定荷载和安全荷载确定不同抗风压等级。

活动外遮阳产品的抗风性能直接与其使用安全相关，各产品标准中也明确规定了其抗风性能的要求和分级。在《建筑遮阳工程技术规范》（JGJ 237—2011）中则规定外遮阳工程应对进场的外遮阳产品的抗风性能通过见证送检的方式进行复验。

61. 固定式建筑外遮阳系数如何计算？

遮阳系数是判断固定式建筑外遮阳装置遮阳效果的一个参数，由于遮阳系统本身非常复杂，并且遮阳系数是随着太阳位置的改变而改变的，没有一个固定值，因此所谓与节能有关的遮阳系数是一个等效值（或当量值）。运用于建筑节能计算的遮阳系数主要包括窗玻璃的遮阳系数、窗本身的遮阳系数、外窗的综合遮阳系数等。通过窗户进入室内的热量可以分为两部分：一部分是由室内外温度差造成的温差传热，另外一部分是由太阳辐射造成的热量传递。太阳辐射。热量中又可以分为两部分：一部分太阳辐射直接透过玻璃进入室内全部成为房间的热量，另外一部分被玻璃吸收然后通过辐射和对流传入室内。

由于太阳得热率与阳光入射角有关，因此，对于不同入射角的条件，遮阳系数并不相同。为了简化计算，可以把遮阳系数取为定值，将窗系统遮阳系数定义为：在法向入射条件下，通过透光系统（包括透光材料和遮阳措施）的太阳光总透射比，与相同条件下相同面积的标准玻璃（3mm 厚透明玻璃）的太阳光总透射比的比值。

62. 建筑遮阳设计主要包括哪些方面？

建筑遮阳设计是确保遮阳效果的关键，设计主要包括：建筑遮阳的方式选择、建筑遮阳的构造设计、建筑遮阳的机械电气设计。

（1）建筑遮阳的方式选择。我国地域辽阔，建筑物所在地气候特征各不相同，同时由于建筑物的使用性质不同，建筑类型、建筑功能、建筑朝向、建筑造型的不同，适宜的遮阳形式也不尽相同。因此，建筑遮阳设计时应合理选择遮阳形式。根据建筑遮阳产品或遮阳构件与建筑外窗的位置，建筑遮阳一般可分为外遮阳、中置遮阳和内遮阳三种形式。

（2）建筑遮阳的构造设计。建筑遮阳构件是建筑功能与建筑艺术和技术的结合体，是现代技术和精致美学的完美体现。良好的建筑遮阳设计不仅有助于建筑节能，而且遮阳构件也成为影响建筑形体和美感的重要组成部分。因此，遮阳构件和遮阳产品设计或选择，要构造简单、经济适用、耐久美观，要与建筑的整体设计相配合，与建筑物周围环境相协调。

（3）建筑遮阳的机械电气设计。现行行业标准《建筑遮阳工程技术规范》（JGJ 237—2011）中明确规定，建筑遮阳的机械电气设计包括驱动系统、控制系统、机械系统和安全系统。

第四章

建筑遮阳施工

63. 建筑遮阳工程施工的基本要求是什么？

建筑遮阳工程施工应符合下列基本要求：承担建筑遮阳工程施工的企业应具备相应的施工资质和施工能力，施工单位应建立健全相应的质量管理体系和技术标准，具有施工质量控制手段和检验制度，施工人员须经过专业培训并经考核合格后方可上岗。

64. 建筑遮阳工程施工前应当做好哪些审查工作？

建筑遮阳工程施工前应当做好如下审查工作：

（1）建筑遮阳工程宜优先选用国家和省市级推广应用的技术和产品。当采用新技术、新设备、新材料、新工艺时，应参照国家有关规定进行评估认证，并制定专门的施工技术方案。

（2）建筑遮阳工程应采用定型产品与成套技术。当系统中材料、部品有所变更时，应重新进行相关材料及系统性能检验。建筑遮阳工程涉及的材料和系统性能指标应符合相应的产品标准，且不低于国家相关标准的规定。

（3）进入施工现场的主要材料、部品，应具有中文标识的出厂合格证、产品出厂检验报告、两年有效期内的型式检验报告等质量证明文件。

（4）建筑遮阳设施与主体结构安装连接处，主体结构的强度、尺寸偏差与外表面平整度应满足质量要求，主体结构应通过工程质量验收。

（5）进场的遮阳装置及其附件的品种、规格、性能和色泽，必须符合建筑遮阳设计要求。

65. 建筑遮阳工程的施工方案主要包括哪些内容？

（1）概述建筑基本参数、外围护结构特点、窗户形式、外遮阳产品的类型和安装方式以及工程进度计划。

（2）详述所参考的相关标准和法规，以及建筑遮阳产品的形式、规格、参数、驱动方式、安装方式、操作方法等。

（3）根据建筑物各向立面图、各类型窗户的窗洞结构施工详图及技术要求，绘制外遮阳安装施工图，包括各类型窗户外遮阳产品的安装图、锚固节点、特殊部位安装节点大样及基层结构的预留槽孔图等，并应与建筑装饰、机电设备安装相互协调。

（4）说明建筑遮阳工程施工所用施工机具的型号、规格、数量、电源容量，以及安全防护器具的类型、数量、使用方法和施工安全措施。

（5）建筑遮阳产品及其附件的搬运、吊装方法，在主体结构上的安装方法及成品保护措施，以及施工安装过程的安全措施，遮阳成品及其附件的现场保护方法。

（6）建筑遮阳装置安装后的调试方法及联调方案。

（7）建筑遮阳工程的验收内容、检验部位、检验方法、检验周期等。

66. 建筑遮阳工程施工方案的审批和实施应符合哪些要求？

施工方案是指按照科学、经济、合理的原则，正确地确定工程项目的施工顺序和施工方法，选择适用的施工机械，结合建设条件，对标段划分、施工期限进行合乎实际的安排。建筑遮阳工程施工方案的审批和实施应符合下列要求：

（1）施工方案中所用建筑遮阳产品的安装方法以及安装建筑遮阳设施中产生的荷载，应经设计单位审核认可。

（2）建筑遮阳工程施工方案应经施工总包、监理、建设单位等相关各方审批后方可实施。特大型建筑遮阳工程的施工方案，应由建设方组织专家论证会进行技术论证。

67. 建筑遮阳工程施工准备工作主要包括哪些方面？

施工准备工作是指工程施工前所做的一切工作。它不仅在开工前要做，开工后也要做，它是有组织、有计划、有步骤分阶段地贯穿于整个工程建设的始终。建筑遮阳工程施工准备工作主要包括以下几个方面：

（1）为了保证遮阳装置与主体结构连接的可靠性，预埋件应在主体结构施工时按照设计要求的位置与方法埋设；如果预埋件位置偏差过大或未设置预埋件时，应与相关单位协商解决，并做好书面备案记录。

（2）在进行施工前，施工单位应会同总包施工单位检查现场的施工通道、脚手架、起重设备、临时用电等施工基本条件，并按照设计方案测量窗洞尺寸，检查预留孔洞及安装遮阳系统所需的管线、预埋件等是否符合设计要求，确认具备遮阳工程施工条件后方可施工。

（3）检查建筑遮阳产品质量。遮阳构件在运输、堆放、吊装过程中有可能产生变形或损坏，如有发生损坏要及时更换，如构件变形要对变形进行校正，不合格的产品不得安装使用。

（4）在建筑遮阳工程正式施工前，应对施工人员做好安全和技术交底。

68. 建筑遮阳工程安装施工应符合哪些要求？

建筑遮阳工程的施工应按照经审查合格的设计文件和施工方案进行，在安装施工的过程中应符合下列要求：

（1）现场组装的建筑遮阳装置应按照产品规定的组装和安装工艺流程进行。

（2）根据建筑遮阳组件规模选择吊装机具。建筑遮阳宜采用双排外脚手架或电动吊篮安装，也可以采用经安全论证的移动式施工平台施工安装。吊装机具应符合施工现场与相关标准的安全要求。

（3）建筑遮阳装置吊装时的吊点和挂点应符合设计要求，起吊遮阳组件过程中各吊点受力应均匀并保持平稳，防止撞击主体结构或其他物体。安装前要对主体结构的装饰面采取保护措施，不得使装饰面受到碰撞和挤压。在施工过程中，材料、部件、半成品和成品的存放、搬运、吊装要采取有效措施，防止碰撞和损坏。

（4）后置锚固点应设置在建筑围护结构的基层上，安装前应进行防水处理。后置锚固件的安全可靠性是保证遮阳装置安全使用的关键，在建筑遮阳装置安装前，后置锚固件应在主体结构上进行现场见证拉拔试验，符合设计要求后方可进行安装。为避免破坏主体结构，锚固件可在同条件下的主体结构上预埋相同的锚固件作为见证取样拉拔试验。

（5）在既有建筑上安装遮阳装置，需要在主体结构构件上开凿孔洞时，应取得业主或建筑原设计单位的认可，不得影响主体结构的安全。

（6）建筑遮阳组件安装就位后应及时进行校正，校正后要及时与连接部位固定。建筑遮阳装置安装的允许偏差应符合表 4-1 的规定。

表 4-1　建筑遮阳装置安装的允许偏差　　　　单位：mm

检查项目	水平度	垂直度	位置偏差	间距偏差
允许偏差	2.0	2.0	5.0	5.0

（7）电气设备安装应按设计要求进行，安装前要检查线路连接以及传感器位置是否符合设计要求。做好电机及遮阳金属组件的接地保护以及线路接头的绝缘保护。

（8）建筑遮阳工程的各工序应按施工技术标准进行质量控制，每道工序完成后应进行检查，各工序之间要进行交接。

（9）建筑遮阳装置各项安装工作完成后，均应分别单独进行调试，再进行整体运行调试和试运转工作。调试必须至少达到一个循环，必要时需要做三个循环。建筑遮阳装置的调试结果要做好记录。

69. 遮阳篷怎样进行安装？安装应注意哪些事项？

遮阳篷的遮阳主体材料为织物材料，采用卷取方式实现伸展与收回。遮阳篷可按照以下步骤进行安装：

（1）在现场测量窗洞口的宽度和高度，精确至毫米，以便确定遮阳篷的尺寸。

（2）根据现场测量的尺寸，裁剪遮阳篷织物面料。遮阳篷织物面料的裁剪尺寸应比窗洞口宽度大 10～15cm。按照不同部位逐项完成测量和裁剪工作，并对其进行编号。

（3）遮阳篷的罩壳、半罩壳要采取隐蔽安装，并确保安装正确、牢固，定位准确。

（4）遮阳篷与混凝土墙体的连接要牢固。如果墙体没有预埋件或不能可靠安装膨胀螺栓时，应另外加装钢结构，确保能够承受遮阳篷的荷载，同时不得破坏保温层和墙面装饰结构。

（5）电机电源线走线孔，可在窗洞口周边划定遮阳篷的安装位置后，用冲击钻在适宜位置墙体上打出一个通孔，电源线与室内控制器连接。

（6）电动遮阳篷宜配置安装风、光感应器，并按照控制要求进行调试，在设定风速下遮阳篷能够自动收回，受到强光照射时能够自动展开。

（7）对遮阳篷进行调试，检查遮阳篷的伸展、收回、连续、噪声、平幅、跑偏、限位等是否有异常现象；电动遮阳篷还应检查接线是否正确，然后再接通电源检查遮阳篷伸展、收回运行情况和限位设置情况。

70. 电机张紧式天篷帘安装技术要点是什么？

（1）电机张紧式天篷帘的最大张力可达 3600N（卷管直径 $D=$ 70mm）；安装时土建结构应能承受不低于系统张紧力的 5 倍。

（2）驱动装置与主体结构安装应采用预埋螺栓连接，预埋螺栓承载力的规格、尺寸应符合设计要求。若采用后置锚固件，其植入主体结构墙体深度应符合设计要求，并应大于 40mm。

（3）电机张紧式天篷帘系统安装时，应使系统的两个专用电机头部位于系统的同一侧。

（4）当在弧形结构上安装天篷帘时，需要增设必要的滚轴，滚轴安装在支座上再与主体结构固定。滚轴的数量应根据现场情况设置，以达到天篷帘张紧与伸展平稳的质量要求。

（5）当在梯形或三角形结构上安装时，在一端没有位置安装卷绳器驱动装置的情况下，可适当变化安装方式，把卷绳器驱动装置端与卷管驱动装置端都安装在同一侧，另一端用定滑轮改变钢丝牵引方向。定滑轮应按照设计要求的型号、规格选用。

（6）由于电机张紧式天篷帘系统是双电机，安装时应使卷管两端的驱动装置与面料的受力方向一致，且互相平行，同时使面料和牵引钢丝绳在卷管上方运行，避免灰尘落在面料上被卷进卷管，影响正常使用和寿命。

71. 扭力卷取式电动天篷帘安装技术要点是什么？

（1）扭力卷取式电动天篷帘的安装要点与电机张紧式天篷帘安装基本相同，土建结构应能承受不低于系统张紧力的5倍。

（2）由于扭力卷取式电动天篷帘是面料平幅单循环牵引机构，帘布是自下而上伸展，应用在下部遮阳、上部透光的结构屋面上，所以安装时建筑采光屋面上不得安装支撑点。

（3）驱动装置端和定滑轮端的支座可采用后置螺栓固定，其植入主体结构墙体应符合设计要求。

72. 钢丝导向电动折叠天篷帘安装技术要点是什么？

（1）钢丝导向电动折叠天篷帘驱动装置的电机端和定滑轮端支座可采用后置螺栓固定，其植入主体结构墙体应符合设计要求。

（2）面料固定安装在引布杆上，从面料的顶端开始安装若干引布杆，其间距等分（通常为1m左右）。

（3）引布杆上安装滑轮，引布杆与传动钢丝绳进行连接，使卷管驱动装置带动面料沿着导向钢丝绳伸展和收回。若天篷帘的宽度较大时，可改用导向轨道。

（4）定滑轮端的安装应与设计人员协商，必要时重新设计一个特殊的安装板，将定滑轮安装在特殊的安装板上，然后再与主体结构固定。

73. 轨道导向电动折叠天篷帘安装技术要点是什么?

（1）由于轨道导向电动折叠天篷帘两根轨道就是帘布运行机构，同时又是帘布的支撑机构，轨道安装应采用后置锚栓固定，其植入主体结构墙体应符合设计要求。

（2）当轨道安装在透明屋面顶部的梁侧或墙体上时，可以直接采用后置锚栓将轨道固定在梁侧或屋面相应部位。

（3）当轨道安装在透明屋面顶部的梁底部位时，可采用梯形支架固定方式。将轨道安装在梯形支架上，再将梯形支架与主体结构固定。梯形支架设置的间距、安装节点等，应按设计要求或现场具体情况确定。

（4）当轨道安装在透明屋面顶部的其他结构上，如玻璃框、钢结构时，可根据现场具体情况与设计人员沟通，临时设计安装支架或抱箍，以满足轨道安装的技术要求。

74. 天篷帘在安装过程中应注意哪些事项?

（1）天篷帘装置在正式安装前，应复核规格、型号和数量，如有不相符合之处，应及时通报业主及设计方，以便及早加以纠正。

（2）天篷帘装置与建筑主体结构的安装位置精度如果有误差，应予以记录，在安装结构件和系统时应注意进行调整。

（3）天篷帘装置与建筑主体结构固定连接时所用的螺栓和其他材料必须符合设计规定。

（4）建筑遮阳工程与建筑主体结构连接，应坚持不影响建筑外观、不钻孔、不损伤建筑构件强度的原则，抱箍连接是一种常用辅助安装支架，可根据所安装建筑物情况临时制作。

（5）对于原来没有进行同步遮阳工程设计的项目，或在既有建筑上需安装天篷帘的项目，由于没有留下预埋件，需要在结构构件上开凿管孔时，应取得业主或原设计单位的认可，并且不得影响结构的安全。

（6）在进行建筑遮阳工程设计安装时，必须慎重选择连接点，其安装节点不仅能支承整个遮阳帘的自重，还应考虑能够承载遮阳帘伸展收回产生的拉力，并且应符合《建筑遮阳工程技术规范》（JGJ 237—2011）中的相关规定。

（7）当天篷帘安装具有一定高度时，其控制设备的安装位置应便于维修。

（8）在安装导向定滑轮时，应根据建筑物的情况，按技术要求将定滑轮固定在主体结构位置上，不得将天篷帘安装在透明结构的易碎材料上，可以采用后置锚栓或抱箍固定，必须保证与主体结构连接牢固。天篷帘系统的轨道或铝合金框架等，必须与建筑物的可受力结构可靠连接。

（9）天篷帘电动装置的电源线与电机导线连接应有接地保护措施，接头应做好绝缘保护。

（10）安装户外天篷帘的基层墙体为不宜锚固的墙体材料时，应采取抱箍连接措施或在需要设置锚固件的位置预埋混凝土实心砌块，安装前应做好防水处理，不得持力在保温构造层上，也不得通过保温层锚固在主体结构上。

75. 遮阳板安装的具体步骤？

（1）根据现场实际测量的尺寸，在工厂下料生产相应的遮阳板产品，按照不同部位编号。

（2）遮阳板产品运到施工现场后，打开遮阳板包装箱，按照装箱单清点箱内所有零部件，清点完成后，拆除零部件的包装，按照遮阳板安装顺序编号摆放；测量建筑物立面或顶面安装遮阳板的尺寸，划分支架或支座的安装位置。

（3）用螺栓将钢支架或支座固定在主体结构上。将遮阳板叶片、推杆、拉杆转轴、电机等连接在一起，再与上下横梁安装固定，逐项进行安装；安装电动遮阳板时，应将电机导线与控制系统连接。

（4）用遥控器对遮阳板进行反复调试，直到遮阳板能够正常完成动作为止。

（5）采取风、光、雨控制的户外遮阳板，传感器应安装在建筑主体结构的高点，光传感器要正对南方，不得安装在建筑物附属物上或受到其他建筑遮挡，应确保风、光、雨传感器在任何时候都可以准确检测到气候变化。风、光、雨传感器可与楼宇的自控系统连接，其调试工作应在晴天时进行，并符合传感器调试的有关规定。

76. 遮阳板安装应注意哪些事项？

（1）遮阳板安装在幕墙建筑上，在进行测量画线时，要确保标出的基座打孔中心在一条直线上，保证遮阳板安装后不发生歪斜。

（2）在建筑幕墙型材上打孔时，要注意避免损伤幕墙的型材表面及玻璃，避免破坏型材的耐腐表层，从而降低幕墙的使用寿命。

（3）在现场划定建筑遮阳板的安装位置时，要保证所有的遮阳板安装在同一平面内，并且做到间距相同、前后对齐，避免安装完成后建筑遮阳板上下不齐或间距不一，严重影响遮阳及视觉效果。

（4）在现场安装施工时，遮阳板要轻拿轻放，防止拉伤、刮花遮阳板的表面，降低遮阳板的使用寿命和美观。

77. 百叶帘安装要点包括哪些方面？

外遮阳金属百叶帘主要有钢索导向和导轨导向两种形式。钢索导向式适合安装节点较少的窗户墙体；导轨导向式适合安装在各种建筑幕墙门窗表面。百叶帘安装要点主要包括：

（1）在外遮阳金属百叶帘正式安装前，首先要找平安装平面，控制上梁（顶槽）安装的水平误差，为百叶帘安装做好准备工作。

（2）将外遮阳百叶帘安装支架固定于被安装的窗户墙体或建筑幕墙门窗表面部位，保持上梁（顶槽）水平，确保安装定位准确、可靠。

（3）百叶帘安装支架与混凝土墙体连接要牢固。若墙体没有预埋件或不能可靠安装膨胀螺栓，应另外加装钢结构支座，确保其能够承受百叶帘的荷载，同时不得破坏保温层和墙体表面的装饰结构。

（4）导轨式百叶帘，要将轨道通过安装支架与建筑主体结构固定，若导轨固定在钢结构上，可根据所安装的建筑物情况临时设计制作抱箍或安装支架，确保不影响建筑物的外观，不钻孔、不损伤建筑构件，也不降低其强度。

（5）电动百叶帘电源线的走线孔，可用冲击钻在电机头部的适合位置打出通孔，然后将电源线与室内控制器连接。

（6）在安装完毕后，电动百叶帘按照控制要求进行调试，检查叶片翻转角度、伸展、收回、连续、限位等功能是否正常。

78. 内置遮阳中空玻璃窗安装的具体步骤？

安装在中空玻璃中间层内的遮阳装置，其伸展与收回或开启与关闭操作在中空玻璃外完成的玻璃产品，称为内置遮阳中空玻璃窗。其安装的具体步骤如下：

（1）将内置遮阳中空玻璃窗框按照编号放置于需要安装的部位。当安装部位为改造窗时，应将窗洞口清理干净，不得留有残余物。

（2）在窗洞口每个边安装2个钢支架，钢支架与窗洞口保留15～20mm的间距，将窗框安装到洞口，调整外窗的位置，使外窗上下横梁水平，左右立柱垂直，再将窗框用钢钉固定在支架上。

（3）检查内置遮阳中空玻璃外观是否完好，开启动作是否正常，然后将内置遮阳中空玻璃安装到窗框内，即可安装玻璃压条。压条与玻璃之间的缝隙再用玻璃胶镶嵌密封。

（4）采用聚氨酯发泡密封胶对窗框与窗洞口之间的间隙进行镶嵌密封，待聚氨酯发泡密封胶充分发泡后，清除掉多余的发泡胶，再用密封膏密封窗框与窗洞口内、外侧接缝。

79. 建筑遮阳工程施工安全及成品保护包括哪些方面？

建筑遮阳工程施工安全及成品保护主要包括以下几个方面：

（1）电动遮阳产品的安装施工应符合现行行业标准《建筑施工高处作业安全技术规范》（JGJ 80—2016）、《建筑机械使用安全技术规范》（JGJ 33—2012）和《施工现场临时用电安全技术规范》（JGJ 46—2005）的有关规定。

（2）电机驱动遮阳产品的线路接头绝缘保护，应符合现行行业标准《民用建筑电气设计规范》（JGJ 16—2008）的规定。电机接地与建筑供电系统的接地要可靠连接，要有防止漏电的措施。外遮阳金属构件或遮阳装置必须保证有防雷安全措施，金属架要与建筑主体结构的防雷体系可靠连接，连接部位应清除非导电保护层，并且防雷设计要符合相关标准要求。

（3）建筑遮阳工程安装完成后，对驱动装置要设置防护设施，防止误操作造成操作人员伤害或产品损坏。

（4）建筑遮阳工程施工过程中及交付使用前，一定要注意采取可靠的遮阳产品的防护措施，确保成品不损坏、不被污染。

80. 建筑遮阳工程质量验收的基本要求是什么？

建筑遮阳工程应作为建筑节能工程的分项工程进行验收。与建筑结构同时施工的固定遮阳板、固定遮阳篷构件，应当与建筑结构工程同时进行验收。建筑遮阳工程的质量验收应满足以下基本要求：

（1）建筑遮阳工程的质量验收要检查以下文件和记录：①建筑遮阳工程设计文件、图纸会审记录、设计变更文件；②主要产品、部品的质量证明文件，进场检查记录，进场复验报告；③建筑遮阳工程涉及材料及系统性能指标的型式检验报告；④后置埋件的现场拉拔检测报告；⑤隐蔽工程验收报告；⑥织物材料抽样复验报告；⑦遮阳装置调试和试运行记录；⑧其他对建筑遮阳工程质量有影响的技术资料。

（2）建筑遮阳分项工程应对下列隐藏项目进行验收：①预埋件或后置锚固件；②埋件与主体结构的连接点。

（3）建筑遮阳分项工程的检验批按以下安排划分：①建筑门窗的活动外遮阳系统，同一厂家的同一品种、类型、规格，每100樘门窗划分为一个检验批，不足100樘门窗也划分为一个检验批；②建筑遮阳的活动外遮阳系统，同一厂家的同一品种、类型、规格，每1000m²应划分为一个检验批，不足1000m²也应划分为一个检验批。同一单位工程不连续的幕墙工程应单独划分检验批；③对于异形或有特殊要求的外遮阳系统，检验批的划分应根据其特点和数量，由监理（建设）单位和施工单位协商确定。

（4）建筑遮阳分项工程质量验收，应在各检验批及单机试运转全部合格的基础上进行。

（5）建筑遮阳工程检验批和分项工程验收记录，应按现行国家标准《建筑工程施工质量验收统一标准》（GB 50300—2013）规定的要求，并应符合下列规定：①建筑遮阳工程的检验批和隐蔽工程验收应在监理工程师的主持下，由施工单位相关专业的质量检查员和施工员参加；②建筑遮阳工程分项工程验收，由监理工程师主持，施工单位项目技术负责人和相关专业的质量检查员和施工员参加，必要时可邀请设计单位相关专业人员参加。

（6）建筑遮阳检验批质量验收合格，应符合下列要求：①检验批应按主控项目和一般项目验收，主控项目应全部合格；②对一般项目，当采用计数检验时，至少要有80％以上的检查点合格，其余检查点不得有严重的缺陷；③要有完整的施工操作依据和质量验收记录。

（7）建筑遮阳分项工程质量验收合格，应符合下列要求：①所含的检验批均要合格；②所含的检验批的质量验收记录要完整。

第五章

建筑遮阳检测

81. 建筑遮阳应进行哪些检测？

根据我国建筑遮阳工程现行标准的规定，建筑遮阳主要应进行建筑遮阳装置操作力、建筑遮阳产品机械耐久性能、建筑外遮阳产品抗风性能、建筑遮阳篷耐积水荷载性能、建筑外遮阳耐雪荷载性能、建筑遮阳产品误操作、建筑遮阳产品遮阳性能（遮阳系数）、建筑遮阳产品气密性、建筑遮阳产品热舒适和视觉舒适性能等方面的检测。

82. 建筑遮阳装置拉动操作的操作力如何进行测定？

建筑遮阳装置操作力按照不同的操作方式，分为拉动操作的操作力，转动操作的操作力，直接操作的操作力和开启、关闭遮阳百叶片、板的操作力，这些操作力的测定均应依据《建筑遮阳产品操作力试验方法》（JG/T 242—2009）中的规定进行。

拉动操作的操作力的测定用的仪器为力测量仪，其精度为一级，分辨率为 1N。检测条件为：环境温度（23±5）℃；拉动操作的拉动速度（30±5）m/min。

检测步骤为：①根据试样安装情况，操作力测试可按外卷和内卷两种方式进行；②伸展试样，记录试样移动到完全伸展位置这一过程的最大力，共测 3 次；③收回试样，记录试样移动到完全伸展位置这一过程的最大力，共测 3 次。

检测结果：分别计算伸展和收回的 3 次测试的平均值，精确至 1N。操作力的值取伸展和收回两个值中的较大值。

83. 建筑遮阳装置转动操作的操作力如何进行测定？

转动操作的操作力测定用的仪器为扭矩测量仪，其精度为一级，分辨率为 1N·m。检测条件为：环境温度（23±5）℃；扭矩测量仪器作用于绞盘或曲柄齿轮上，代替绞盘手柄或曲柄齿轮手柄操作；试验速度（60±10）r/min。

检测步骤为：①伸开试样，记录试样移动到完全伸展位置这一过程的最大扭矩，共测 3 次；②收回试样，记录试样移动到完全伸展位置这一过程的最大扭矩，共测 3 次。对于可调角度的曲柄齿轮，扭矩测量仪器转动轴与垂直面呈 30°±2°的角度。

检测结果：分别计算伸展和收回的 3 次扭矩测试的平均值，然后按公式 $F=M/R$（F 为操作力，M 为最大扭矩值，R 为转轴直径）计算，精确至 1N。

84. 建筑遮阳装置直接操作的操作力如何进行测定？

直接操作的操作力测定用的仪器为力测量仪，其精度为一级，分辨率为 1N。检测条件为：环境温度（23±5）℃；试验速度（30±5）m/min。

检测步骤为：①伸展试样，记录试样移动到完全伸展位置这一过程的最大力，共测 3 次；②收回试样，记录试样移动到完全伸展位置这一过程的最大力，共测 3 次。

检测结果：分别计算伸展和收回的 3 次测试的平均值，精确至 1N。操作力的值取伸展和收回两个值中的较大值。

85. 建筑遮阳装置开启、关闭遮阳百叶片、板的操作力如何进行测定？

开启、关闭遮阳百叶片、板操作力测定用的仪器为力测量仪，其精度为一级，分辨率为 1N；扭矩测量仪，其精度为一级，分辨率为 1N·m。检测条件为：环境温度（23±5）℃。

检测步骤为：一个完整叶片、板的开启、关闭的操作力测试，必须按照《建筑遮阳产品操作力试验方法》JG/T 242—2009 规定的运动周期方式进行，不同的系统按照下列方法进行试验：①对可开启、关闭叶片、板的试样，应进行开启、关闭叶片、板的试验；②对可转动叶片、板的试样，可用扭矩测量仪器进行试验；③对在伸展、收回操作过程中叶片、板同时完成开启、关闭操作的试样，开启、关闭叶片、板的操作力应按《建筑遮阳产品操作力试验方法》（JG/T 242—2009）中9.1.1、9.1.2、9.1.3的方法进行。

检测结果：开启、关闭叶片、板的操作力取3次试验的算术平均值，精确至1N。

86. 建筑遮阳产品机械耐久性能如何进行检测？

建筑遮阳产品机械耐久性能检测用的仪器设备有：力测量仪器，精度为一级，分辨率为1N；扭矩测量仪，精度为一级，分辨率为1N·m；长度测量仪，精度为一级，分辨率为1mm；角度测量仪，精度为一级，分辨率为2°；时间记录仪，精度为一级，分辨率为1s。检测条件为：环境温度（23±5）℃。试验速度：在试样运行行程的前20%内达到规定的试验速度（转动为50～70r/min，拉动为10～20mm/min，电控为试样电控设备的速度）。

转动或拉动操作的检测步骤为：①进行试样调试：标记特殊点以便观察带或绳可能出现的偏移；进行5次反复操作试验，确保试样安装正确；将计数器归零，并将试样收回、关闭到初始状态。②测量初始力（F_1）和试样的行程（距离或角度），操作力按建筑遮阳装置操作力测定方法进行。③按规定的试验速度，在试验设备上模拟实际使用状况，完成将试样运至下限位点停止，然后将试样运至上限位点停止为一个操作循环，循环次数根据产品标准的规定进行。④反复操作试验结束后，测量最终操作力（F_e）和行程（距离或角度），并对试样进行手动或目测检查，观察是否出现损坏或功能障碍，并记录。

电控操作的检测步骤为：①进行试样调试：标记特殊点以便观察带或绳可能出现的偏移；进行5次反复操作试验，确保试样安装正确；将计数器归零，并将试样收回、关闭到初始状态。②测量遮阳产品一个收回过程所用的时间 T_1。③按规定的试验速度，在试验设备上模拟实际使用状况，完成将试样运至下限位点停止，然后将试样运至上限位点停止为一个操作循环，循环次数根据产品标准的规定进行。④反复操作试验结束后，测量遮阳产品一个收回过程所用的时间 T_2。

检测结果：操作力的变化率 V 可按式 $V=（F_1/F_c-1）\times100\%$ 计算，记录试验完成的反复操作次数、试样的行程（距离或角度）。速度的变化率 U 可按式 $U=（T_1-T_2）/T_1\times100\%$ 计算，记录试验完成的反复操作次数、试样的行程（距离或角度）。

87. 建筑遮阳篷抗风性能如何进行检测？

建筑遮阳篷抗风性能试验对试样采用施加集中荷载、测量施加集中荷载后试样的变形、检测前后操作力的变化，以及观察试验后试样是否发生损坏和功能障碍来判定其抗风性能。建筑遮阳篷抗风性能检测应依据现行行业标准《建筑外遮阳产品抗风性能试验方法》（JG/T 239—2009）中的规定进行。

建筑遮阳篷抗风性能检测用的仪器设备有：拉动操作的操作力测定用的仪器为力测量仪，其精度为一级，分辨率为 1N；转动操作的操作力测定用的仪器为扭矩测量仪，其精度为一级，分辨率为 1N·m。检测条件为：环境温度（23±5）℃。根据厂家的安装说明在刚性支架上安装试样，并保持卷轴的水平，其水平允许偏差为±5°。

（1）试验步骤

通过滑轮牵引或悬挂重物等方式施加荷载，滑轮摩擦力忽略不计。

①曲臂平推遮阳篷的测试荷载、具体加载方式及检测步骤见《建筑外遮阳产品抗风性能试验方法》（JG/T 239—2009）中表2。②曲臂摆转遮阳篷和曲臂斜伸遮阳篷的测试荷载、具体加载方式及检测步骤见《建筑外遮阳产品抗风性能试验方法》（JG/T 239—2009）中表4和表5。③每次施加荷载时间为2min，卸载静置2min后再测量残余变形和操作力。④操作力试验应按《建筑遮阳产品操作力试验方法》（JG/T 242—2009）中的方法进行。

（2）试验结果

①按式 $\Delta_j = \delta_1/H \times 100\%$ 计算左侧残余变形率 Δ_j（δ_1 为左侧残余变形，mm；H 为试样长度，mm）。按式 $\Delta_r = \delta_r/H \times 100\%$ 计算右侧残余变形率 Δ_r（δ_r 为右侧残余变形，mm）。②按式 $\Delta = (\delta_1 - \delta_r)/L \times 100\%$ 计算垂直残余变形率 Δ_j（L 为试样宽度）。③按式 $V = (F_c/F_i - 1) \times 100\%$ 计算操作力残余变形率 V（F_c 为试验后操作力，F_i 为试验前操作力）。④记录试验样品是否发生损坏（如：裂缝、面板或面料破损、局部屈服、连接失效等）和功能障碍（如：操作功能障碍、五金件松动等）。

88. 建筑遮阳百叶窗抗风性能如何进行检测？

建筑遮阳百叶窗抗风性能检测应依据现行行业标准《建筑外遮阳产品抗风性能试验方法》（JG/T 239—2009）中的规定进行。试验仪器设备：静压箱、操作力测试设备、变形和损伤测试设备。检测条件为：环境温度（23±5）℃。

（1）检测要求

遮阳设施在测试风压的作用下，应满足以下要求：①在额定风压的作用下，遮阳设施应能正常使用，并不会发生塑性变形或损坏。②在安全风压的作用下，遮阳设施不会从导轨中脱出而产生安全危险。

（2）检测步骤

① 根据厂家的安装说明在刚性支架上安装试样。②在试样上施加均匀的压力，并在试样垂直方向进行变形试验。③每次施加荷载时间为 2min，卸载静置 2min 后再测量残余变形和操作力。④测试荷载、具体加载方式及步骤详见《建筑外遮阳产品抗风性能试验方法》（JG/T 239—2009）中的表 12。⑤操作力试验应按《建筑遮阳产品操作力试验方法》（JG/T 242—2009）中的方法进行。⑥记录试验样品是否发生损坏（如：裂缝、面板或面料破损、局部屈服、连接失效等）和功能障碍（如：操作功能障碍、五金件松动等）。⑦按式 $V = (F_c/F_i - 1) \times 100\%$ 计算操

作力残余变形率 V（F_c 为试验后操作力，F_i 为试验前操作力）。

89. 建筑支杆式遮阳窗抗风性能如何进行检测？

建筑支杆式遮阳窗抗风性能检测应依据《建筑外遮阳产品抗风性能试验方法》（JG/T 239—2009）中的规定进行。

检测步骤：①根据厂家的安装说明在刚性支架上安装试样。②在试样上施加均匀的压力，并在试样垂直方向进行变形试验。③每次施加荷载时间为 2min，卸载静置 2min 后再测量残余变形和操作力。④测试荷载、具体加载方式及步骤详见《建筑外遮阳产品抗风性能试验方法》（JG/T 239—2009）中的表 16。⑤操作力试验应按《建筑遮阳产品操作力试验方法》（JG/T 242—2009）中的方法进行。

90. 建筑遮阳篷耐积水荷载性能如何进行检测？

建筑遮阳篷耐积水荷载性能检测应依据现行行业标准《建筑遮阳耐积水荷载性能试验方法》（JG/T 240—2009）中的规定进行。

建筑遮阳篷耐积水荷载性能检测仪器设备主要由刚性安装支架、喷水系统、流量计（精度为 2.5 级）组成。检测条件为：试验室环境条件下，环境温度（23±5）℃。

检测步骤：①按遮阳篷的安装使用说明书，将试样安装在刚性支架上，将遮阳篷完全伸展。对于遮阳篷，安装时试样应保持约 25% 坡度；对手动试样，试验前检测并记录操作力 F_i，操作力试验方法按《建筑遮阳产品操作力试验方法》（JG/T 242—2009）中的规定进行；③根据试样耐积水荷载等级的流量要求喷水 1h；④喷淋结束后，将积水排干，放置 30min，检测并记录操作力 F_c，操作力试验方法按《建筑遮阳产品操作力试验方法》（JG/T 242—2009）中的规定进行。检查试样是否出现损坏或功能性障碍等情况。

检测结果。对于手动遮阳试样，按式 $V=（F_c/F_i-1）\times 100\%$ 计算操作力变化率 V（F_c 为试验后操作力，F_i 为试验前操作力）；记录试验样品是否发生损坏（如裂缝、面板或面料破损、局部屈服、连接失效等）和功能障碍（如操作功能障碍、五金件松动等）。

91. 建筑遮阳篷耐积水荷载性能检测应注意哪些事项？

（1）建筑遮阳篷耐积水荷载性能检测应对所检测试样的名称、数量、规格、结构和装配及相关说明进行记录。

（2）建筑遮阳篷耐积水荷载性能检测结果中应当包含操作力变化率 V、损坏或功能性障碍的内容。

（3）建筑遮阳篷耐积水荷载性能检测试件应牢固安装在试件框上，以免在试验过程中发生松动影响试验结果或倒塌发生危险。

（4）如果遮阳窗为电动控制，不需要进行操作力试验。

（5）应注意试验前后分别测试操作力，操作力在试验前后应处于同一等级。

（6）注意根据试样面积计算水流量，进行不同级别（Ⅰ类水流量：$17L/（m^2 \cdot h）$；Ⅱ类水流量：$56L/（m^2 \cdot h）$）的试验。

（7）试样宽度比较窄，部分喷水口处于试样范围外时，试验过程中应堵住这些喷水口。

92. 建筑遮阳产品耐雪荷载性能如何进行检测？

建筑遮阳产品耐雪荷载性能检测应依据现行行业标准《建筑遮阳产品耐雪荷载性能检测方法》（JG/T 412—2013）中的规定进行。

建筑遮阳产品耐雪荷载性能检测仪器设备主要由试验框架、位移传感器、时间记录仪、压差计等组成。检测环境温度宜为 10～35℃。

（1）遮阳产品单独耐雪荷载检测步骤

① 在施加荷载前，手动遮阳产品应按《建筑遮阳产品操作力试验方法》（JG/T 242— 2009）中的规定检测操作力，电动遮阳产品应至少进行一次开启关闭和伸展收回循环操作。

② 安装遮阳产品。当水平安装时，记录试件几何中心点初始位

置；当垂直安装时，施加力 P_0，记录试件几何中心点初始位置。

③ 以小于 2m/min 的速度将额定检测荷载匀速施加到试件上，持续时间 5min，测量试件几何中心点的最大位移。

④ 卸载 2min 后，电动遮阳产品记录损坏和残余变形量等，完成一次开启关闭和伸展收回循环操作，记录是否有功能障碍；手动遮阳产品记录损坏和残余变形量等，并按《建筑遮阳产品操作力试验方法》（JG/T 242— 2009）中的规定检测操作力，并记录操作力变化。

⑤ 以小于 2m/min 的速度将安全检测荷载匀速施加到试件上，持续时间 5min，记录试件的变化和损坏情况。

（2）遮阳产品与玻璃窗接触共同雪荷载检测步骤

① 在施加荷载前，手动遮阳产品应按《建筑遮阳产品操作力试验方法》（JG/T 242— 2009）中的规定检测操作力；电动遮阳产品应至少进行一次开启关闭和伸展收回循环操作。

② 施加额定检测荷载，持续时间 5min，观察试件与刚性平板是否接触，若试件与刚性平板接触应降级测试。

③ 卸载 2min 后，电动遮阳产品记录损坏和残余变形量等，完成一次开启关闭和伸展收回循环操作，记录是否有功能障碍；手动遮阳产品记录损坏和残余变形量等，并按《建筑遮阳产品操作力试验方法》（JG/T 242— 2009）中的规定检测操作力，并记录操作力变化。

④ 以小于 2m/min 的速度将安全检测荷载匀速施加到试件上，持续时间 5min，记录试件的变化和损坏情况。

（3）遮阳产品耐雪荷载检测结果

对于手动遮阳试样，按式 $V ＝（F_c/F_i-1）×100\%$ 计算操作力变化率 V（F_c 为试验后操作力，F_i 为试验前操作力）；记录试验样品是否发生损坏（如帘片或板是否脱离导轨、帘片、板或导杆是否断裂等）和功能障碍（如操作功能障碍、五金件松动等）。

93. 建筑遮阳产品耐雪荷载性能检测应注意哪些事项？

（1）试件应牢固地安装在试件框上，以免试验过程中发生松动而影响试验结果或倒塌发生危险。

（2）如果遮阳窗为电动控制，不需要进行操作力试验。

（3）应注意试验前后分别测试操作力，操作力在试验前后应处于同一等级。

（4）一般情况下遮阳百叶帘等软质遮阳产品试样应水平放置；遮阳卷帘等硬质遮阳产品应垂直放置，使用风压加载。

（5）试样使用配重水平加载时，注意根据耐雪荷载等级、试样尺寸及布点数量计算配重的质量。

（6）注意水平加装时使加载点距试样最外侧边缘不大于150mm。

（7）试样垂直使用风压加载时，注意背部覆盖的聚酯薄膜应足够薄，不影响风压等级。

（8）遮阳产品与玻璃窗接触共同耐雪荷载，在施加额定检测荷载时，注意观察试件与刚性平板是否接触，若试件与刚性平板接触应降级测试。

94. 建筑遮阳产品机械耐久性能如何进行检测？

建筑遮阳产品机械耐久性能检测应依据现行行业标准《建筑遮阳产品机械耐久性能试验方法》（JG/T 241—2009）中的规定进行。建筑遮阳产品机械耐久性能检测仪器设备主要有试件框、力测量仪、扭矩测量仪和微机控制柜等。

（1）检测条件

试验室环境条件下，环境温度（23±5）℃。在试样运行行程的前20%内达到试验速度，转动操作的试验速度为50～70r/min，拉动操作的试验速度为10～20mm/min，电控操作的试验速度为试样电控设备的速度。根据产品的安装说明，将试样安装在试验设备上。若试样

有自锁功能则确保试样处于解锁状态

（2）试验步骤

① 转动和拉动的试验步骤。转动和拉动操作方式的试验可按以下步骤进行：

a. 试样的调试：标记特殊点以便观察带或绳可能出现的偏移；进行 5 次反复操作试验，确保试样安装正确；将计数器归零，并将试样收回、关闭到初始状态。

b. 测量初始操作力（F_i）和试样的行程（距离或角度），操作力试验方法按现行行业标准《建筑遮阳产品操作力试验方法》（JG/T 242—2009）中的规定进行。

c. 按照规定的试验速度，在试验设备上模拟实际使用情况，完成将试样运至下限位点→停止→将试样运至上限位点—停止的操作循环，循环次数根据产品标准的规定要求进行。

d. 反复操作试验结束后，测量最终操作力（F_c）和试样的行程（距离或角度），并对试样进行手动和目测检查，观察是否出现损坏或功能障碍，并进行记录。

e. 每进行 1000 次反复操作试验，应检查试样是否出现损坏或功能障碍。必要时，试验过程中可添加润滑油。

② 电动的试验步骤。电动操作方式的试验可按以下步骤进行：

a. 试样的调试：标记特殊点以便观察带或绳可能出现的偏移；进行 5 次反复操作试验，确保试样安装正确；将计数器归零，并将试样收回、关闭到初始状态。

b. 测量建筑遮阳产品一个收回过程所用的时间 T_1。

c. 按照规定的试验速度，在试验设备上模拟实际使用情况，完成将试样运至下限位点→停止→将试样运至上限位点→停止的操作循环，循环次数根据产品标准的规定要求进行。

d. 反复操作试验结束后，测量建筑遮阳产品一个收回过程所用的时间 T_2。

③ 结果计算。试验结束后，按照以下规定计算操作力变化率 V、速度变化率 U。

a. 按式 $V=(F_c/F_i-1)\times100\%$ 计算操作力变化率 V（F_c 为试验后操作力，F_i 为试验前操作力）。记录试验完成后的反复操作次数、试样的行程（距离或角度）。

b. 按式 $U=(T_1-T_2)/T_1\times100\%$ 计算速度变化率 U，记录试验完成的反复操作次数、试样的行程（距离或角度）。

95. 建筑遮阳产品机械耐久性能检测应注意哪些事项？

（1）试样应装配完整、无缺陷，试样的规格、型号、材料、构造等，应与厂家提供的产品技术说明和设计技术说明一致，不得加设任何特殊附件或措施。试样应在试验环境放置 24h 后进行安装、试验。对于电控遮阳产品，试验应包括电控设备。

（2）为避免因电机过热保护而使反复操作试验停止，反复操作工序中的两次触发电动开关操作之间的时间间隔，应符合产品说明中电机过热保护的时间间隔要求。

（3）每进行 1000 次反复操作试验，应检查试样是否出现损坏或功能障碍。必要时，试验过程中可添加润滑油。

（4）若在试验中发现试样有影响其正常使用的损坏或功能障碍等异常情况，应立即停止试验，并记录损坏或功能障碍。

（5）若遮阳窗为电动控制，应测试试样耐久性试验前后速度的变化率。

96. 百叶窗气密性能如何进行检测？

百叶窗的气密性能是决定百叶窗应用是否节能的重要指标，应依据现行行业标准《遮阳百叶窗气密性试验方法》（JG/T 282—2010）中的规定进行。百叶窗气密性检测是在关闭状态下，通过测量百叶窗在一组规定的不同正压力差下的单位面积空气渗透量来确定。试验装置由压力箱、试件安装系统、供压系统和测量系统组成。

（1）检测条件。①空气温度为 15～30℃，相对湿度为 25%～75%；②被测试件：长 1.0～1.8m，并配齐所有配件；应提供安装说明及大样图、节点图等；③将遮阳产品按要求安装在试验台上，要求安装稳固，框架不得扭曲，并记录试验时的温度、大气压力。

（2）空气渗透量 Q_m 检测。①按照规定的压力差与时间和加压顺序进行加压；②预备加压：分 3 次加压至 56Pa，每次加压时间不少于 1s，稳压时间不少于 3s；③按每个等级的正压力差增压：10Pa、15Pa、20Pa、25Pa、30Pa、40Pa、50Pa。测试并记录每个等级压力差下相应的空气渗透量 Q'_m。每级压力差下至少持续稳定 10s 方可进行空气渗透量测试。

（3）数据处理。

①测量后的空气渗透量值可按式 $Q_m = 293 Q'_m p / 101.3 T$（$p$ 为试验室大气压，T 为试验室空气温度，Q'_m 为实测试件空气渗透量）计算，根据空气温度和大气压强进行修正；根据试件面积 S 求出每级压力差 Δp 下单位面积的室气渗透量 q。

②试验结果。遮阳产品室气渗透量值与压力差 Δp 存在的函数关系，可按式 $q = C (\Delta p)^n$ 计算（C 为系数，n 为指数）单位面积空气渗透量 q。以每级压力差 Δp 取对数为横坐标，每级压力差下单位面积空气渗透量 q 取对数为纵坐标，按式 $q = C (\Delta p)^n$ 计算出 10Pa 压力差下百叶窗单位面积的室气渗透量 q。

97. 百叶窗气密性能检测应注意哪些事项？

（1）遮阳产品安装时应按照产品说明书中的要求进行安装，同时试验台框架要与样品贴合紧密，防止从框架缝隙漏气影响试验结果。

（2）用于遮阳产品气密性检测的试验设备应进行密封性检测，合格后才可用于检测。

（3）试验过程中应尽量调节环境温度以保持恒定，因为结果计算中要将实际结果转化为标准状态下的结果，故温度变化太大易引起计算误差。

（4）试验中不考虑百叶窗内外温差引起的低压力差对试验结果的影响。

98. 热舒适与视觉舒适性能如何进行检测？

热舒适与视觉舒适性能检测，应依据现行行业标准《建筑遮阳热舒适、视觉舒适性能检测方法》（JG/T 356—2012）中的规定进行。该方法适用于除荧光材料和定向反射遮阳装置外，与玻璃窗平面平行的建筑遮阳装置热舒适与视觉舒适性能检测。

（1）检测条件。①仪器设备：热舒适与视觉舒适性能检测用的仪器设备有：双光束分光光度计；②检测环境：空气温度为（23±5）℃，相对湿度为30%～60%。

（2）热舒适性检测。热舒适性检测应包括太阳能总透射比、向室内侧的二次传热、太阳光直射‐直射透射比3个参数进行综合评价。参数应通过测试被测试件的光学参数计算得出：对于可调节叶片角度的遮阳装置，至少应计算太阳高度角45°、方位角0°且叶片倾角45°时的太阳能总透射比、向室内侧的二次传热。

太阳能总透射比是指传入室内的太阳辐射与入射太阳辐射的比值。窗（幕墙）和遮阳装置组合体的太阳能总透射比用 g_{tot} 表示，窗（幕墙）的太阳能总透射比用 g 表示。

向室内侧的二次传热是指通过玻璃窗和遮阳装置综合吸收的太阳辐射释放到室内的部分与入射太阳辐射的比值。

太阳光直射‐直射透射比是指入射与透射均为直射时的太阳光透射比。

热舒适性检测的具体检测方法步骤见现行行业标准《建筑遮阳热舒适、视觉舒适性能检测方法》（JG/T 356—2012）。

（3）视觉舒适性检测。视觉舒适性能检测应包括不透光度、眩光调节性能、夜间私密性能、透视外界性能及日光利用性能。应依据现行行业标准《建筑遮阳热舒适、视觉舒适性能检测方法》（JG/T 356—2012）中的规定对 5 个参数进行综合评价。眩光调节性能、夜间私密性能、透视外界性能及日光利用性能，应通过测试被测试件的光学参数计算得出；不透光度通过测试遮阳产品或材料的透光等级得出。

视觉舒适性检测的具体方法步骤见现行行业标准《建筑遮阳热舒适、视觉舒适性能检测方法》（JG/T 356—2012）。

99. 建筑遮阳产品误操作如何进行检测？

误操作是指遮阳产品安全性检测的一部分，误操作是对遮阳产品的操作装置和翻转百叶（板）可能发生的错误操作，即粗鲁操作、强制操作或反向操作分别进行试验，该检测方法适用于各类手动的建筑遮阳产品。

粗鲁操作是遮阳产品受到高于其正常操作力的突然性操作，往往发生在遮阳产品的伸展（或收回）由其收回（或伸展）过程中依据自身的弹簧、配重块等设施积聚的动能来完成时，拉动操作的遮阳产品居多。粗鲁操作仅发生在当帘体试样可移动部分形成堆积且能引起快速运动的情况。

强制操作是指遮阳产品在操作过程中（伸展或收回）遇到阻碍时，强制进行超过其正常操作力的操作。当试样没有设计抵抗强制操作功能时，可以不进行强制操作试验。

反向操作是指在操作起始时进行的与规定操作方向相反的操作，仅适用于卷动遮阳帘和卷帘窗以及卷动方式伸展和收回的试样。

误操作试验是检验遮阳产品能否抵抗上述试验操作，或在经历上述操作后能否产生破坏性影响。误操作试验具体方法步骤应依据现行行业标准《建筑遮阳产品误操作试验方法》（JG/T 275—2010）中的规定进行。

100. 建筑遮阳产品误操作检测应注意哪些事项?

（1）试件应牢固地安装在试件框上，以免试验过程中发生松动而影响试验结果或倒塌发生危险。同时试验台框架要与样品贴合紧密、伸展和收回自如。

（2）建筑遮阳产品误操作检测的试验次数，应根据耐久性等级规定的循环次数确定。

（3）粗鲁操作仅发生在当帘体试样可移动部分形成堆积且能引起快速运动的情况。

（4）建筑遮阳产品误操作检测的单向拉绳粗鲁操作的限位装置应为刚性。

（5）强制操作可发生在帘体试样完全伸展或完全收回时，也可发生在帘体试件被阻挡在半伸展或半收回位置时。

（6）建筑遮阳产品误操作检测中强制操作的障碍物最好为锥形钢棒。

（7）建筑遮阳产品误操作检测中反向操作，仅适用于卷动遮阳帘和卷帘窗以及以卷动方式伸展和收回的试样。

（8）如无特殊说明，所有类型误操作施加的作用力或扭矩均为操作力试验中测得的值。

（9）当建筑遮阳产品误操作采用仲裁试验时，应注意试验环境温度为（23±5)℃。

参考文献

［1］涂逢祥主编，中国建筑遮阳技术。北京：中国质检出版社、中国标准出版社，2015.

［2］白胜芳主编，建筑遮阳技术。北京：中国建筑工业出版社，2013.

［3］岳鹏编著，建筑遮阳技术手册。北京：化学工业出版社，2014.

［4］中华人民共和国行业标准，《建筑遮阳工程技术规范》(JGJ 237—2011).

［5］中华人民共和国行业标准，《建筑外遮阳产品抗风性能试验方法》(JG/T 239—2009).

［6］中华人民共和国行业标准，《建筑遮阳热舒适、视觉舒适性能检测方法》(JG/T 356 —2012).

［7］中华人民共和国行业标准，《建筑遮阳产品机械耐久性能试验方法》(JG/T 241 —2009).

［8］中华人民共和国行业标准，《建筑遮阳产品耐雪荷载性能检测方法》(JG/T 412 —2013).

［9］中华人民共和国行业标准，《建筑遮阳耐积水荷载性能试验方法》(JG/T 240—2009).

［10］中华人民共和国行业标准，《建筑遮阳产品误操作试验方法》(JG/T 275—2010).

［11］中华人民共和国行业标准，《建筑遮阳产品操作力试验方法》(JG/T 242—2009).

紫微测试

公司简介 ▶▶▶
Company Profile

　　沈阳紫微机电设备有限公司(简称：ZWH或紫微测试)，是一家国际品牌的测试试验设备制造商和解决方案提供商、国家高新技术企业。公司创建于1996年，年销售额约1．5亿元，员工256人，其中技术研发人员有80余人。拥有各种专利30余项。紫微测试品牌致力于压力流量密封、机械性能、机械耐久性、环境稳定性、材料热物理性试验设备的研发、生产、销售和服务。

　　公司一直秉承着"创新为源、品质为本"的理念，以精益求精的态度、最优质的产品和服务塑造知名品牌。

产品检测设备 ▶▶▶
Product testing equipment

我公司研制开发的相关遮阳产品检测设备：

外遮阳百叶帘抗风性能试验设备
外遮阳百叶帘耐雪荷载试验设备
卷帘冲击试验机
建筑用遮阳产品综合检测设备
卷帘抗风性能试验机
篷耐积水荷载试验设备
建筑用遮阳篷抗风性能试验设备
隔热性能试验机

建筑用遮阳产品综合检测设备

外遮阳百叶帘耐雪荷载试验设备

址：沈阳市于洪区紫沙街金岭路5号　　　邮编：110144
售电话：024-25369585　25366319　　传真：024-25366346　　邮箱：syzwh@syzwh.com

关于永丰

创建之始

创建于1995年10月，在2002年11月由谢边永丰铝型材厂正式更名为佛山市南海永丰铝型材有限公司，开始迈向规模化产销发展。

完整的生产体系

生产场地面积约60000平方米，拥有精良完善的生产设备，包括十多条高效环保的工业铝型材生产线（窗帘导轨铝型材年产量达到30000吨），三条大型高级喷涂生产线，多种深加工设备。

横跨五大洲的销售网络

在保证国内销售稳步发展的基础上，在2005年，我们决定迈向国际，开始着眼国际市场的拓展，通过走访客户、国际展会、网络营销平台等，逐渐在国际贸易这一板块取得了斐然的成绩，时至当下，国内销售和国际贸易并肩前行，相互促进，结成了一张横跨五大洲的销售网络。

……严谨满成品的蜕变

自企业创建之始，我们一直专注于窗帘导轨铝型材的研发和生产，在窗帘导轨型材这个细分领域一直拥有良好的口碑和领先的市场份额，自2005年开始，我们扩大研发队伍，加大铝合金遮阳的研发投入，设计生产全新的铝合金遮阳产品，继续满足国内外不同领域客户的需求。

YFA 佛山市南海永豐铝型材有限公司
FOSHAN CITY NANHAI YONGFENG ALUMINIUM CO.,LTD.

WWW.YFA.TM

Gaswork Building

2014年 | 昆士兰银行新总部 | 布里斯班纽斯特德Skyring Terrace

Ergon Energy

2014年 | 昆士兰能源公司新总部 | 昆士兰州汤斯维尔弗林斯德街420号

ABC Brisbane HQ

2012年 | 昆士兰ABC新总部 | 伦敦西区南布里斯班区南岸4101号

TRYBA® 特诺发 缤纷特诺发

杨永峰/董事长

1998年德国斯图加特大学企业经济硕士毕业

1998年起担任德国贝朗公司CONTROLLING分公司财务总监

2000年起担任大连三洋广州分公司执行董事

2002年创立德硅贸易公司并担任总经理

2009年起投资创办特诺发公司，任董事长

中国建筑金属结构协会塑料门窗委员会常务理事

中国塑料异型材及门窗专业委员会副理事长

现任德硅集团股份有限公司总裁

沿承百年的家族品牌

- 1900年，Johann Tryba先生在波兰开始木质门窗的生产制造。
- 1956年，Walter Tryba先生在德国创办了木门窗生产加工厂。
- 1979年，Tryba家族第三代领导人Johannes Tryba先生在德法边境，Gundershoffen，创立了TRYBA（特诺发）企业，凭借沿承百年的德系门窗技术，成为法国第一门窗与遮阳卷帘品牌

法国第一 欧洲前三

- 地址：法国Gundershoffen
- 全球员工：3 000（截至2009年）
- 全球构成：5个分支机构（德国、瑞士、葡萄牙、俄罗斯、中国），数十个销售公司遍布全球35个国家
- 年销售额：10亿欧元
- 主营业务：成品门窗、遮阳卷帘、建筑工程

*通过ISO14001环保体系认证

品质 专业 设计

- Jean Louis Bader：特诺发只跟世界上最顶尖品质的部品配件商合作
- Patrice Delplace：无论是新建还是改造，特诺发都将给出最专业的指导意见与最合适的解决方案
- Julien Weber：特诺发设计丰富多变的门窗，使室内外装饰风格与您的喜好和谐统一

与欧洲同步

- 缤纷特诺发（上海）遮阳制品有限公司是法国特诺发五大分支机构之一，专注服务于中国市场。
- 公司严格执行特诺发总部的标准制造工艺流程，所有原配件均从法国、德国进口。

针对中国建筑市场的特殊环境，缤纷特诺发在技术应用上进行本地化的再研发，确保成品完全适用中国建筑并与欧洲技术、质量同步。

地址：上海市松江区佘山工业区明业路38号

上海展厅地址：上海市徐汇区宜山路299号喜盈门地板木业品牌中心L310展厅

邮箱：trybachina@trybachina.com 网址：www.trybachina.com

传真：+86 21 5779 4151 电话：400-180-0810 上海展厅电话：021-64 082 277

（上海）遮阳制品有限公司

建筑洞口一体化解决方案

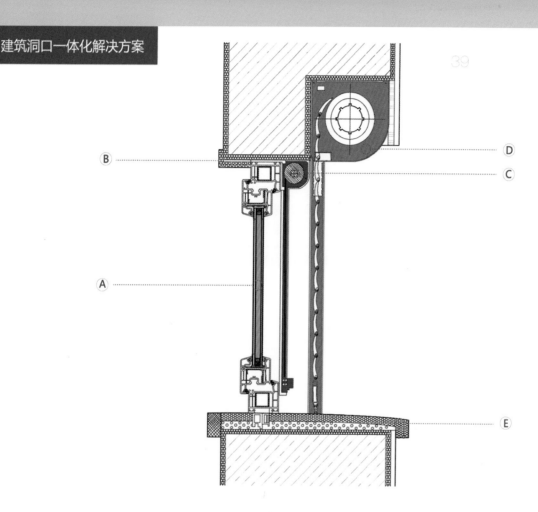

A 节能门窗　**B** 门窗套　**C** 纱窗　**D** 外遮阳金属卷帘　**E** 外金属窗台板

特诺发建筑洞口一体化解决方案

以**TRYBA®特诺发节能门窗系统***为核心，结合外遮阳卷帘、纱窗、外窗台板、覆膜门窗套构件，形成完善的建筑洞口集成体系，增强隔热、保温、隔音降噪功能；防蚊虫粉尘、遮光调光、防窥防盗；保护洞口内外墙体并具有和谐一致的装饰性能，丰富建筑表皮，并轻松满足未来不断提升的建筑节能设计标准。

*TRYBA®节能门窗系统

以最大化保温隔热、隔音降噪为原则，将与门窗有关的各个部分，如型材、玻璃、五金与辅件、密封胶条的选材等，结合合理的开启形式设计、组装设备与工艺、现场安装技术等各个方面作为一个整体考虑，经过精心设计形成的具有全局观念的节能门窗系统。

TRYBA® 特诺发

三湘未来海岸　　三湘未来海岸　　三湘未来海岸

山西太原万国城

山西太原万国城

上海零碳馆

三湘七星府邸

三湘七星府邸

三湘七星府邸

华侨城

BNT HONOR
企业荣誉 »

2010-2011年度建筑遮阳科技创新产品
2011-2012年度建筑遮阳优秀工程
2011-2012年度建筑遮阳优秀企业
上海世博工程全国装饰奖
上海世博新材料新工艺奖
上海世博科技创新产品奖
中国低碳节能环保创新示范单位
绿色建筑节能推荐产品
绿色建筑选用产品证明商标准用证
绿色建筑选用产品导向目录入选证书
产品质量认证证书
法国NF标准认证

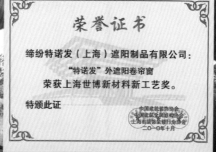

尚飞帘闸门窗设备（上海）有限公司

王霄先生于2014年10月加入尚飞中国，现任尚飞中国总裁。在任期间，通过公司策略调整，在确保原有业务稳步增长的同时，顺应中国遮阳市场的发展形势，开展多品牌战略，针对不同业务类型和渠道推出相应的解决方案，使得尚飞中国的产品和服务更完善和更具竞争力，对整个遮阳行业起到了巨大的示范作用。

在他的领导下，尚飞中国树立了"一切以人为本，以客户为中心"的公司文化，公司员工更团结合作，更具主人翁精神。未来在王霄先生的领导下，尚飞中国必将继续引领整个中国遮阳行业的发展。

◉ 王霄 / 尚飞中国 总裁
Richard WANG / Managing Director of BA China

Somfy法国尚飞集团

智能遮阳与智能家居整合专家--法国尚飞（Somfy）成立于20世纪60年代，总部位于法国，在世界60个国家和地区设有办事机构，产品销往全球100多个国家和地区。Somfy在全球设立了多个研发中心，包括法国、德国、美国和日本的研发中心。迄今为止，Somfy共获得了700多项专利技术。在过去的50多年来，Somfy一直致力于和全球建筑师、设计师、生态能源研究机构等一起合作，通过智能遮阳和门窗自动化系统及生态幕墙的推广，致力于能耗节约和生态环境的保护，并提供用户更舒适的居住及生活空间。

尚飞中国

1997年尚飞成立中国办事处并于2003年成立中国分公司。经过近20年的努力，尚飞与中国专业客户一起，配合建筑师、室内设计师、系统集成商等，为中国各类楼宇，特别是商务及公共建筑，酒店建筑，别墅和高端公寓等提供了众多建筑遮阳及窗饰自动化解决方案。

尚飞®解决方案

尚飞解决方案致力于以下三个生态建筑的目标：自然采光、保温隔热及自然通风。尚飞产品被广泛应用于办公楼、酒店、医院、学校、博物馆、剧院、会展中心、别墅及公寓住宅等，包括：电动开合帘、电动卷帘、电动天篷帘、电动投影幕、电动百叶帘、电动卷窗、电动卷门、电动遮阳篷、电动通风开窗等。

尚飞产品通过了全世界主要工业国家的电气认证，包括法国NF、德国VDE、美国UL、中国CCC等。同时尚飞获得了英国劳氏Lloyd ISO9001认证。尚飞100%的产品均在出厂前经过严格检测，并享有全球通用的5年质保。

地址（ADD）：上海市闵行区古北路1699号2207-2208　　邮编（P.C）：201103
电话（TEL）：(86-21) 6280 9660　　传真（FAX）：(86-21) 6280 0270
网址：www.somfy.cn

somfy
法国尚飞

animeo LON 系统

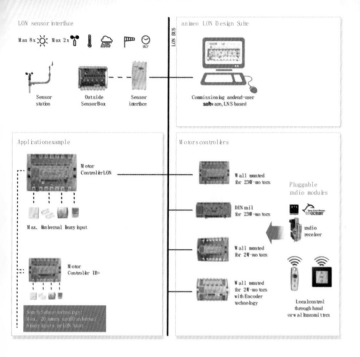

animeo IP 系统

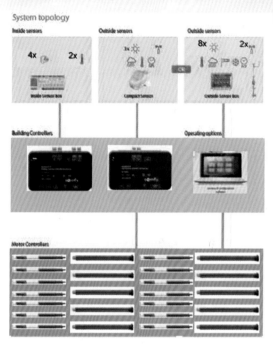

animeo IB+ 系统

animeo KNX 系统

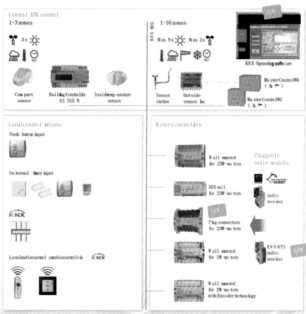

Somfy 应用的广泛性

酒店及别墅公寓工程案例